机器学习
开发者指南

Machine Learning for Developers

[阿根廷] 鲁道夫·邦宁（Rodolfo Bonnin） 著

AI研习社 译

人民邮电出版社

北京

图书在版编目（CIP）数据

机器学习开发者指南 / （阿根廷）鲁道夫·邦宁
(Rodolfo Bonnin) 著；AI研习社译. -- 北京 ：人民邮
电出版社，2020.5
ISBN 978-7-115-52930-5

Ⅰ．①机… Ⅱ．①鲁… ②A… Ⅲ．①软件工具—程序
设计—指南 Ⅳ．①TP311.561-62

中国版本图书馆CIP数据核字(2019)第290071号

版 权 声 明

- ◆ 著　　　[阿根廷]鲁道夫·邦宁（Rodolfo Bonnin）
- 译　　　AI研习社
- 责任编辑　罗子超
- 责任印制　王 郁　焦志炜
- ◆ 人民邮电出版社出版发行　　北京市丰台区成寿寺路 11 号
- 邮编　100164　电子邮件　315@ptpress.com.cn
- 网址　http://www.ptpress.com.cn
- 三河市君旺印务有限公司印刷
- ◆ 开本：800×1000　1/16
- 印张：15　　　　　　　　　　　　　　　　　2020 年 5 月第 1 版
- 字数：205 千字
- 印数：1 – 2 400 册　　　　　　　　　　　2020 年 5 月河北第 1 次印刷
- 著作权合同登记号　图字：01-2018-7755 号

定价：59.00 元

读者服务热线：(010)81055410　印装质量热线：(010)81055316
反盗版热线：(010)81055315
广告经营许可证：京东工商广登字 20170147 号

内容提要

    本书将带领读者学习如何实施各种机器学习技术及其日常应用的开发。本书分为 9 章，从易于掌握的语言基础数据和数学模型开始，向读者介绍机器学习领域中使用的各种库和框架，然后通过有趣的示例实现回归、聚类、分类、神经网络等，从而解决如图像分析、自然语言处理和时间序列数据的异常检测等实际问题。

    本书适合机器学习的开发人员、数据分析人员、机器学习领域的从业人员，以及想要学习机器学习的技术爱好者阅读。使用任何脚本语言的编程人员都可以阅读本书，但如果熟悉 Python 语言的话，将有助于充分理解本书的内容。

序

过去 10 年中大数据在高速发展的社会中得到了越来越多的关注，同时，大数据也影响着不同领域的产业发展。机器学习在其中起着独特的作用，因为它提供了数据分析、数据挖掘、知识发现等所需的主要功能。这些功能以一种对日常使用的大多数系统来说不可见但普遍存在的方式提供可操作的自主智能性。虽然并不新奇，但机器学习的形式和方法已经得到了迅速发展，这是由电子商务、社交网络、互联网相关服务和产品以及以在线业务为中心的类似企业不断增长的需求所推动的。

Hadoop 生态系统中涌现并逐渐成熟的其他技术推动了机器学习的突破，其中包括水平可扩展的计算资源和卓越的仓储功能，这使得对大型数据集的实时分析变得可行。与此同时，围绕 Python 编程语言的社区支持计划令复杂分析库的使用和发展变得广泛，从而得到了大量的知识和经验，同时能快速、简便地部署和投入到生产中。

目前，在机器学习中，神经网络发挥着独特的作用。七十多年前提出的第一个人工智能范式（神经网络）几次被社区抛弃，直到很多年后才被重新重视。其原因可能是缺乏足够的计算能力来进行复杂的分析，以及需要解决通过反复试验来组装、训练和测试不同拓扑结构这一繁重的任务。近年来，这种情况发生了巨大的变化，主要是由于云计算、GPU 和编程库的出现，这些库允许使用简单的脚本建立网络。如今，拥有数亿自由度的网络可以在几分钟内完成组装、几个小时内训练好并在几天内投入生产（在你使用正确技术的条件下）。这也是大多数计算机视觉、语言理解和模式识别的突破性进展通常是由最近提出的不同类型的神经网络驱动的原因之一。

这一呈指数增长的知识、技术和编程库集合使得大多数关于该主题的经典文献相继过时，至少对于快速的实际应用部署而言是如此。出于这个原因，本书可以被看作是一本快速并切合机器学习要点的图书，包含了成功实现和理解机器学习应用程序所需的所有材料。在本书中，你将会发现以下几点。

（1）机器学习任务的基本原理（分类、聚类、回归和数据简化），以及对这门学科的数学和统计学基础的快速而全面的介绍。

（2）更详细地介绍作为学习模型的神经网络，以及训练算法、收敛准则和结果评估的基础知识。

（3）通过更复杂的网络介绍先进的学习模式，包括卷积网络、循环网络和对抗性网络。无论是在理论层面还是在实践层面都对每一个模型进行了全面的分析。

（4）一本开源软件的综合指南，结合以往的材料共同帮助读者迅速地将这些概念付诸实践。

强烈推荐本书给那些认为自己的专业知识已经过时的学术界从业人员、需要在商业应用中部署复杂的机器学习功能的开发人员，以及想要更加深入理解机器学习技术爱好者。作者以非常清晰和系统的方式传达了他在这一领域的丰富经验，使得这本书易于理解并付诸实践。

Claudio Delrieux

阿根廷国立南方大学电气和计算机工程系教授

阿根廷国家研究和技术委员会院士

影像科学实验室主任

译者序

随着计算机硬件的快速发展，从前难以实现的复杂机器学习算法（如神经网络）已经逐渐从研究者的实验室进入了从业者的视野。复杂机器学习算法的广泛使用更进一步地促进了其自身的发展。2017 年，Google 的 AlphaGo 更是成为了历史上首次在围棋项目上击败人类选手的人工智能程序，这在十几年前都还是难以想象的。

机器学习的快速发展，离不开数学家、统计学家和程序开发人员的不懈努力。由 AlphaGo 所引发出的、井喷式的人工智能开发热潮让不少新的开发人员跃跃欲试。然而，由于机器学习是扎根于数学和统计学的学科，因此一般开发人员虽然可以很快上手并使用这些算法，但对其背后所代表的数学和统计意义却很难有全面深入的了解。

本书的目的就在于填补这一空白，给精于程序设计的开发人员补上重要的数学和统计学知识，帮助开发人员了解机器学习算法背后的意义，从而帮助他们更好地根据问题的情境选择合适的算法，并更加有效地调整算法及其参数。本书不仅在第 1 章中介绍了理解机器学习所需要的基础统计学和数学知识，而且在之后的章节中使用这些概念对多种机器学习模型进行了深入的探讨。译者建议想要从零开始入门机器学习的开发者，着重精读第 1 章和第 2 章中介绍的数学、统计学知识以及典型的数据分析和机器学习的方法论。

第 3、4 章介绍了一些基础的、被广泛使用的机器学习算法，例如 K-Means、K-近邻聚类算法、逻辑回归和线性回归算法等，帮助读者快速上手，使用机器学习解决现实问题。

第 5～7 章循序渐进地介绍了神经网络的要素,包括神经网络的多层结构、卷积神经网络（诸如 Lenet 5、Alexnet 等）和循环神经网络（LSTM）等。作者首先在不借助机器学习框架（如 TensorFlow、Keras 等）的情况下，使用基础的 NumPy 等库构建了简易的神经网络层结构，帮助读者了解真实的神经网络架构。然后使用 Keras 等库来帮助读者构建更加复杂的深层神经网络，并使用这些算法对现实问题进行研究。

书中使用了大量的示例代码，且遵循了良好的编程规范，不仅对开发者非常友好，对精于数学和统计学的读者来说，也是一本很好的机器学习编程参考教材。译者建议读者不要吝惜时间来实现书中的示例代码，并且可以尝试修改这些代码来解决自己所想解决的问题。这些代码中的编程思想一定会对读者大有裨益。

AI 研习社的译者非常享受翻译本书的过程，并且在翻译的过程中，从多个角度学习了大量的机器学习知识，译者希望读者通过本书，也能获得自己感兴趣的知识，并利用这些知识更好地解决现实中的问题。

AI研习社（朱海振 赵朋飞 程炜 栾逸 黄中杰 李攀鹏 王江舟）

作者简介

Rodolfo Bonnin 是阿根廷国家科技大学的系统工程师和博士生。他还在德国斯图加特大学攻读并行编程和图像理解的研究生课程。

自 2005 年以来，他一直在研究高性能计算，并于 2008 年开始研究和实现卷积神经网络，编写支持 CPU 和 GPU 的神经网络前馈阶段。最近，他一直致力于利用神经网络进行欺诈模式检测的工作，并使用机器学习技术进行信号分类。

他也是《Tensorflow 机器学习项目实战》的作者。

审稿人简介

Doug Ortiz 是 ByteCubed 公司的高级大数据架构师，他的整个职业生涯致力于构建、开发和集成企业解决方案。利用其方案的组织机构能够通过现有和新兴技术，如亚马逊云计算服务、微软 Azure 服务、谷歌云、微软 BI Stack、Hadoop、Spark、NoSQL 数据库、SharePoint 以及相关工具集和技术，重新发现和重用未充分利用的数据。

他也是 Illustrics 公司的创始人，读者可以通过 dougortiz@illustrics.org 来联系他。

他具有丰富的集成多平台和产品的经验，并且拥有大数据、数据科学认证，以及 R 和 Python 认证。他帮助组织机构对数据和现有资源的当前投资有更深的理解，并将其转化为有效信息源。同时，他还利用独特和创新的技术改进、挽救和构建项目，定期查看有关亚马逊网络服务、数据科学、机器学习、R 语言和云技术的图书。

他的爱好是瑜伽和水肺潜水。

Mahmudul Hasan 目前是英国安格利亚鲁斯金大学的安格利亚鲁斯金 IT 研究所（ARITI）的博士研究员。他曾在水仙花国际大学 CSE 系担任高级讲师。他毕业于英国埃赛克斯大学，专门从事不同平台的游戏和移动应用程序开发。

他有 6 年以上的 ICT 行业经验，包括小型和大型软件的商业化开发。他目前担任国际游戏开发者协会（IGDA）孟加拉国分会的负责人。

Mahmudul 的研究兴趣涉及机器学习、数据科学、决策支持系统以及通过游戏和游戏化的个性化学习。他在同行评审的期刊和会议上发表了重要的文章。

前言

机器学习是目前的热门学科，在这个由数据和自动化驱动的世界里，它的未来发展被媒体寄予厚望，据说它已经成为近几个月重大科技投资的一部分。机器学习广泛应用于图像理解、机器人技术、搜索引擎、自动驾驶等众多领域，与之相关的应用也不断出现。在本书中，我们将忽略基本的数学结果，而使用代码和图表作为主要的概念工具来研究机器学习的原理和目前流行的技术。

我们将从基本的机器学习概念、分支和各种类型问题开始讲起，部分章节通过解释相关的基础数学概念来帮助我们掌握机器学习。随着章节的推进，我们将讲解更加复杂的模型，首先是线性回归，然后是逻辑回归，接着是神经网络以及与其相关的变体（CNN、RNN），最后综合地介绍更先进的机器学习技术，比如 GAN 和强化学习。

本书的目标读者是那些期望掌握机器学习的相关内容、理解主要的基本概念、使用算法思想并能掌握正式数学定义的开发人员。本书使用 Python 实现了代码概念，Python 语言接口的简洁性，以及其提供的方便且丰富的工具，将有助于我们处理这些代码，而有其他编程语言经验的程序员也能理解书中的代码。

读者将学会使用不同类型的算法来解决自己的机器学习相关问题，并了解如何使用这些算法优化模型以得到最佳的结果。如果想要了解现在的机器学习知识和一门友好的编程语言，并且真正走进机器学习的世界，那么这本书一定能对读者有所帮助。

本书内容

第 1 章：机器学习和统计科学。本章涵盖机器学习的各种介绍性概念，讨论了机器学习的历史、分支以及基本概念，同时还介绍了开发过程涉及的大部分技术所需的基本数学概念。

第 2 章：学习过程。本章涵盖了机器学习处理流程中的所有步骤，并且介绍了每个阶段所需的工具和概念。

第 3 章：聚类。本章涵盖了几种无监督学习技术，特别是 KMeans 和 KNN 聚类算法。

第 4 章：线性回归和逻辑回归。本章涵盖了两种截然不同的监督学习算法，它们使用相似的名称——线性回归（用于实现时间序列预测）和逻辑回归（用于实现分类）。

第 5 章：神经网络。本章介绍了一种现代机器学习应用的基本构建模块，并在章节末尾逐步实现搭建一个神经网络的过程。

第 6 章：卷积神经网络。本章涵盖了神经网络的一个巨大变化，并最后在实际应用中实现了非常著名的 CNN 网络结构（VGG16）。

第 7 章：循环神经网络。本章介绍了 RNN 的相关概念，并且完整地描述了常用的 RNN 结构（LSTM）的各个阶段，最后还分享一个时间序列预测练习。

第 8 章：近期的新模型及其发展。本章涵盖了两个在机器学习领域引起大家极大兴趣的技术——生成对抗网络（GAN）和强化学习。

第 9 章：软件安装与配置。本章涵盖了 3 个操作系统（Linux、macOS 和 Windows）必备软件包的安装。

环境准备

本书主要关注机器学习的相关概念，并使用 Python 语言（版本 3）作为编码工具。本书通过 Python 3 和 Jupyter Notebook 来构建工作环境，可以通过编辑和运行它们来更好地理解这些概念。我们专注于如何以最佳方式，利用各种 Python 库来构建实际的应用程序。本着这种精神，我们尽力使所有代码保持友好性和可读性，使读者能够轻松地理解代码并在不同的场景中使用它们。

目标读者

本书面向那些希望理解机器学习的相关概念及基础知识的开发人员或技术爱好者。使用任何脚本语言的编程人员都可以阅读本书，但熟悉 Python 语言将有助于充分理解代码。对于目前的数据科学家来说，本书能帮助他们重新回归机器学习的基础概念，并通过动手实践来理解相关概念。

资源与支持

本书由异步社区出品，社区（https://www.epubit.com/）为您提供相关资源和后续服务。

提交勘误

作者和编辑尽最大努力来确保书中内容的准确性，但难免会存在疏漏。欢迎您将发现的问题反馈给我们，帮助我们提升图书的质量。

如果您发现错误，请登录异步社区，按书名搜索，进入本书页面，单击"提交勘误"，输入勘误信息，单击"提交"按钮即可。本书的作者和编辑会对您提交的勘误进行审核，确认并接受后，将赠予您异步社区的 100 积分（积分可用于在异步社区兑换优惠券、样书或奖品）。

扫码关注本书

扫描下方二维码，您将会在异步社区微信服务号中看到本书信息及相关的服务提示。

与我们联系

我们的联系邮箱是 contact@epubit.com.cn。

如果您对本书有任何疑问或建议,请您发邮件给我们,并请在邮件标题中注明本书书名,以便我们更高效地做出反馈。

如果您有兴趣出版图书、录制教学视频,或者参与图书翻译、技术审校等工作,可以发邮件给我们;有意出版图书的作者也可以到异步社区在线提交投稿(直接访问 www.epubit.com/selfpublish/submission 即可)。

如果您来自学校、培训机构或企业,想批量购买本书或异步社区出版的其他图书,也可以发邮件给我们。

如果您在网上发现有针对异步社区出品图书的各种形式的盗版行为,包括对图书全部或部分内容的非授权传播,请您将怀疑有侵权行为的链接发邮件给我们。您的这一举动是对作者权益的保护,也是我们持续为您提供有价值的内容的动力之源。

关于异步社区和异步图书

"异步社区" 是人民邮电出版社旗下 IT 专业图书社区,致力于出版精品 IT 技术图书和相关学习产品,为作译者提供优质出版服务。异步社区创办于 2015 年 8 月,提供大量精品 IT 技术图书和电子书,以及高品质技术文章和视频课程。更多详情请访问异步社区官网 https://www.epubit.com。

"异步图书" 是由异步社区编辑团队策划出版的精品 IT 专业图书的品牌,依托于人民邮电出版社近 30 年的计算机图书出版积累和专业编辑团队,相关图书在封面上印有异步图书的 LOGO。异步图书的出版领域包括软件开发、大数据、AI、测试、前端、网络技术等。

异步社区

微信服务号

目录

第 1 章
机器学习和统计科学

机器学习是近几年炙手可热的话题。每天都有新的应用和模型进入人们的视野。世界各地的研究人员每天所公布的实验结果都显示了机器学习领域所取得的巨大进步。

技术工作者参加各类课程、搜集各种资料，希望使用这些新技术改进他们的应用。但在很多情形下，要理解机器学习需要深厚的数学功底。这就为那些虽然具有良好的算法技能，但数学概念欠佳的程序员们设置了较高的门槛。

本书第 1 章概述了机器学习的主要研究领域，将对基本统计学、概率和微积分进行简要的介绍。同时提供了示例源代码，帮助读者利用这些公式和参数进行试验。

在第 1 章中，将会学到以下内容。

- 什么是机器学习？

- 机器学习的研究领域。

- 统计与概率。

- 微积分。

当今世界充斥着大量的数据。从基础层面来说，人们不断从文本、图像、声音以及其他信息中学习。这些数据是掌握新技能的第一步。

遍布世界的无数计算设备收集并存储大量的图像、视频和文本信息。因此，有充足的原始数据用于学习，并且这些格式的数据都能够由计算机处理。

这门学科的出发点是，所研究的技术和方法允许计算机从数据中学习，而不需要显式编程。

Tom Mitchell 对机器学习给出了更正式的定义：

"如果一个计算机程序在执行任务 T 时的性能 P 随着经验 E 而提高，那么我们就称，对于任务 T 和性能度量 P，这个计算机程序通过经验 E 学习。"

这个定义非常全面。它阐明了每个机器学习项目中所包含的元素：执行的任务、持续更新的经验，以及清晰恰当的性能度量。简单来说，就是一个程序可在一定标准的指引下，基于获取的经验来改进执行的任务。

1.1　机器学习的发展

作为一门学科，机器学习并不是孤立的——它属于一个更大的领域，人工智能（Artifiical Intelligence，AI）。但你可以猜到，机器学习并不是凭空而来的。在它之前，经过复杂度的逐级增加，机器学习已经经历了 4 个截然不同的阶段。

1）第一个机器学习模型涉及基于规则的决策和基于数据的简单算法，其本身包括所有可能的分支和决策规则，并作为先决条件，意味着所有可能选项都由此领域的专家硬编码到模型中。自从 1950 年第一个编程语言出现后，这个结构就已经在大多数的应用开发之中得以实现。这种算法处理的主要数据类型和函数都是布尔类型。它专门用于处理是或否的决策。

2）在统计推理发展的第二阶段，除了预先设定的选择，人们把数据的概率特性放在了重要的位置。这种方法更好地反映了现实问题的模糊特性。在这些问题中离群值随处可见。相比于固定问题所使用的死板方法，考虑数据的不确定趋势更为重要。这门学科增加了**贝叶斯概率理论**（**Bayesian**

Probability Theory）等数学工具。它包括曲线拟合（通常为线性或者多项式），具有处理数值数据的共同性质。

3）这一阶段的机器学习会贯穿全书。相比前一阶段简单的贝叶斯元素，它涉及更复杂的任务。机器学习算法的突出特点就是它可以从数据中归纳出模型。而模型可以生成自己的特征选择器，同时不受固定目标函数的限制。因为，这些选择器是在训练过程中生成并定义的。这类模型的另一个不同点是，可以将各种数据类型作为输入，比如语音、图像、视频、文本以及其他容易用向量表示的数据。

4）AI 是抽象能力范围的最后一个阶段。它包括了之前的各种算法类型，但关键的区别是，AI 算法可以应用所学知识来解决在训练阶段并未考虑过的任务。这种算法所使用的数据类型甚至比机器学习支持的数据类型更为通用。根据定义，它可以将解决问题的能力从一种数据类型传递给另一种，而不需要对模型进行完全的重新训练。通过这种方法，可以开发出一种黑白图像的目标检测算法。模型可以从黑白图像中提取知识，然后应用于彩色图像中。

图 1.1 列出了在通往真正 AI 应用的道路上所经历的 4 个阶段。

机器学习的类型

接下来在先验知识的基础上，从实现者的角度出发，试着剖析不同类型的机器学习项目。这些项目包括以下类型。

- 监督学习（**Supervised Learning**）：在这类学习中，给出实际数据样本集，并附带在应用该模型后应该得到的结果。在统计方面，得到了所有训练集实验的结果。

- 无监督学习（**Unsupervised Learning**）：这类学习仅提供问题域的样本数据，将相似数据分组并归类。但它没有可用于推断的先验信息。

- 强化学习（**Reinforcement Learning**）：这类学习没有已标记的样本集，

并且参与元素的数量也不同，包括智能体、环境和学习最优策略或步骤集，通过使用奖励或惩罚（每次尝试的结果）使面向目标的方法最大化。

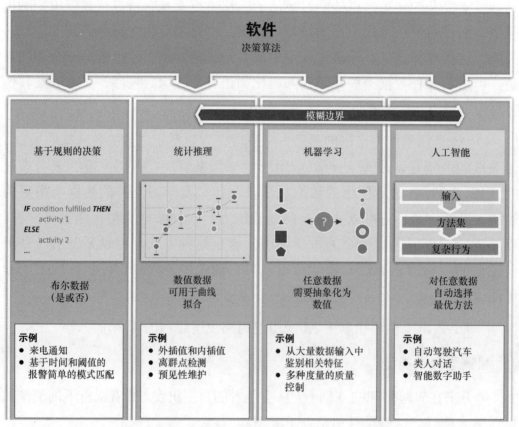

图 1.1   通往真正 AI 应用的道路上所经历的 4 个阶段

机器学习的主要领域如图 1.2 所示。

1. 监督的等级

在学习过程中，监督采用了渐进的步骤。

● **无监督学习**（**Unsupervised Learning**）：不具备关于类的先验知识或任何样本值，它需要通过自动推断得到。

- **半监督学习（Semi-Supervised Learning）**：需要一个已知样本作为种子。模型通过这个种子推断余下样本的分类或数值。

- **监督学习（Supervised Learning）**：这个方法通常包括一个已知数据集，称作训练集。另一个数据集用于验证模型的泛化。还有一个数据集叫作测试集，在训练过程之后，它独立于训练集，并保证测试过程的独立性。

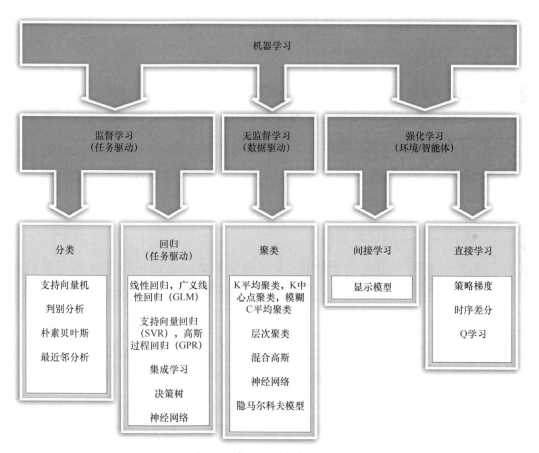

图 1.2 机器学习的主要领域

图 1.3 描述了上述方法。

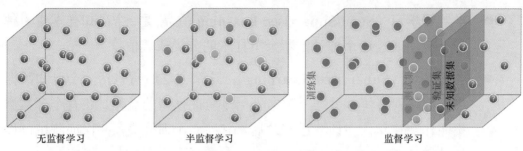

图 1.3　基于无监督、半监督和监督学习的训练技术

2．监督学习策略——回归与分类

这类学习包括以下两种类型的问题。

● **回归问题**：这种类型的问题接收来自问题域的样本，并且在训练模型之后，通过将输出与实际答案进行比较来最小化误差。它允许在给定新的未知样本时，对正确答案进行预测。

● **分类问题**：这类问题使用问题域样本进行标记或对新的未知样本进行分类。

3．无监督方法解决聚类问题

因为没有先验分类的特定信息，大多数无监督问题通过查看观察对象的相似性或共享特征值的方法来进行分类。这项技术叫作聚类（Clustering）。

在这些主要问题之外，还有一种半监督问题，它是前几种问题的结合。在这个问题中，可以训练一组标记的元素，并且在训练期间使用推理将信息分配给未标记的数据。为了将数据分配给未知实体，使用了 3 个主要标准——平滑度（彼此接近的点属于同一类）、聚类（数据倾向于形成聚类，这是平滑度的一种特殊情况）和流形（专指高维数据映射形成的低维数据）。

1.2　编程语言与库

本书面向开发人员，通过实际的代码，自然而然地解释所用方法的数学概念。

在选择示例代码的编程语言时，首选的方法是采用复合技术，包括一些前沿的库。但在咨询社区意见后，作者认为在解释这些概念时，使用一种简单的语言明显是比较好的。

在各种选择之中，理想的候选语言应易于理解，且在真实世界中能被机器学习项目所采用。

显而易见，Python 是这个任务的有力候选者，它满足所有这些条件。特别是最近几年，无论对于新手还是专业实践者来说，它都已成为机器学习的专用语言。

在图 1.4 中，将 Python 和之前在机器学习编程语言领域大红大紫的 R 语言进行了比较。可以清楚地看到用户的喜爱趋势偏向 Python，这意味着读者从本书中所获得的技能在现在和可预见的将来都是息息相关的。

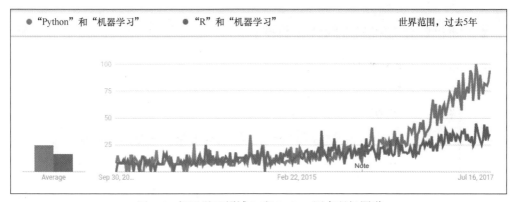

图 1.4　机器学习领域 R 和 Python 语言兴趣图谱

除此之外，本书还借助了 Python 生态系统中许多著名的数值、统计和图形库，比如 Pandas、NumPy 和 Matplotlib。对于**深度神经网络（Deep Neural Network）**的示例，我们将使用 Keras 库，并以 TensorFlow 作为后端。

Python 语言

Python 是一种通用脚本语言，由荷兰程序员 Guido Van Rossum 于 1989 年创建。它语法简单，并且具有很强的可扩展性，这归功于其众多的扩展库，使它成为非常适合原型化和通用编码。由于它能与原生 C 语言绑定，因此也可以作为生产部署的候选。

除了作为通用脚本工具之外，该语言实际上应用于从 Web 开发到科学计算的各个领域。

1. NumPy 库

如果必须为本书选择一个库，并且能用 Python 编写重要的数学应用程序，那么 NumPy 是一个不错的选择。该库将帮助读者通过以下组件，运用统计和线性代数例程来实现应用程序。

- 多功能、性能优良的 n 维数组对象。
- 以无缝方式将多种数学函数应用于阵列。
- 线性代数原语。
- 随机数分布和强大的统计数据包。
- 与所有主流机器学习包兼容。

说明

本书将大量使用 NumPy 库，通过其原语来简化代码的概念解释。

2. Matplotlib 库

数据绘图是数据科学的一部分。分析人员常常首先使用它来了解数据集所代表的意义。

正因为如此，人们需要一个强大的库来绘制输入数据的图形，并表示输出结果。本书将会使用 Python 的 Matplotlib 库来描述各个概念以及模型的输出结果。

什么是 Matplotlib

Matplotlib 是一个应用广泛的绘图库，特别是 2D 图形。在这个库中，本书将重点使用 Pyplot 模块，它是 Matplotlib API 的一部分，使用方法与 MATLAB 类似，并且直接支持 NumPy。对于那些不熟悉 MATLAB 的人来说，几十年来它一直是科学和工程领域默认的 Mathematical Notebook 环境。

本书大部分的概念将使用以上方法来描述。读者可以仅用这两个库和提供的代码实现本书中的示例。

3．Pandas

Pandas 用一种叫作 DataFrame 的特殊结构补充了前面提到的库，并且还为不同格式的数据（如切片、子集、丢失的数据、合并和重整的数据等）添加了许多统计和数据管理方法，例如 I/O。

DataFrame 对象是一个非常有用的特性，它提供了 2D 数据结构，其中的列可以是不同的数据类型。它的结构与数据库表非常相似，但编程运行时更加灵活，并且生态系统（如 SciPy）更加丰富。这些数据结构还与 NumPy 矩阵兼容，因此可以花较小的精力进行高性能数据计算。

4．SciPy

SciPy 是一个非常有用的科学计算 Python 库的组合，包括 NumPy、Pandas 和 Matplotlib 等。同时它也是整个生态系统的核心库，通过这些库可以执行许多附加的基本数学操作，如集成、优化、插值、信号处理、线性代数、统计和文件 I/O。

5．Jupyter Notebook

Jupyter 是一个基于 Python 的成功项目，它也是用来研究和理解数据的强大工具。

Jupyter Notebook 是由代码、图形或格式化文本混合编排的文档，这使它形成了非常通用和强大的研究环境，所有这些元素都封装在一个便于使用的

Web 界面中。它可以与 IPython 交互式解释器完成互动。

　　一旦载入了 Jupyter Notebook，整个环境和所有变量就都保存在内存中了，可以修改和重新定义，以方便研究和实验，如图 1.5 所示。

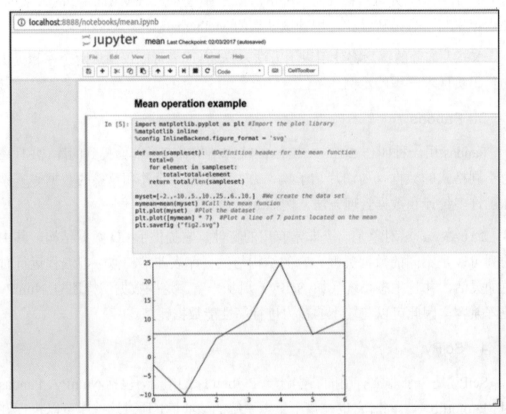

图 1.5　Jupyter Notebook

　　这个工具将是本书学习的一个重要部分，大部分 Python 示例将以这种格式提供。在本书的第 9 章，你会找到完整的安装说明。

注意

安装完成后，读者可以输入 cd 命令进入软件的安装目录。通过键入 `jupyter notebook`，调用 Jupyter。

1.3 基本数学概念

正如前文所述，本书主要的目标读者是希望理解机器学习算法的开发人员。但是，为了掌握它们背后的动机和理论，有必要回顾并建立所有基本推理知识体系，包括统计、概率和微积分。

下面先从一些基本的统计概念开始。

1.3.1 统计学——不确定性建模的基本支柱

统计学可以定义为使用数据样本，提取和支持关于更大样本数据结论的学科。考虑到机器学习是研究数据属性和数据赋值的重要组成部分，本书将使用许多统计概念来定义和证明不同的方法。

描述性统计学——主要操作

接下来将从定义统计学的基本操作和措施入手，并将基本概念作为起点。

（1）平均值（Mean）

这是统计学中直观、常用的概念。给定一组数字，该集合的平均值是所有元素之和除以集合中元素的数量。

平均值的公式如下。

$$\mu = \frac{1}{n} \Sigma_i x_i$$

虽然这是一个非常简单的概念，但本书还是提供了一个 Python 代码示例。在这个示例中，我们将创建样本集，并用线图表示它，将整个集合的平均值标记为线，这条线应该位于样本的加权中心。它既可以作为 Python 语法的介绍，也可以当作 Jupyter Notebook 的实验。代码如下。

```
import matplotlib.pyplot as plt #Import the plot library
```

```
def mean(sampleset):   #Definition header for the mean function
    total=0
    for element in sampleset:
        total=total+element
    return total/len(sampleset)

myset=[2.,10.,3.,6.,4.,6.,10.] #We create the data set
mymean=mean(myset) #Call the mean funcion
plt.plot(myset)   #Plot the dataset
plt.plot([mymean] * 7)   #Plot a line of 7 points located on the mean
```

该程序将输出数据集元素的时间序列，然后在平均高度上绘制一条线。

如图 1.6 所示，平均值是描述样本集趋势的一种简洁（单值）的方式。

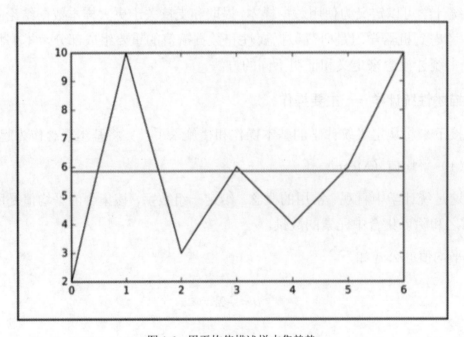

图 1.6 用平均值描述样本集趋势

因为在第一个例子中，我们使用了一个非常均匀的样本集，所以均值能够有效地反映这些样本值。

下面再尝试用一个非常分散的样本集（鼓励读者使用这些值）来进行实验，如图 1.7 所示。

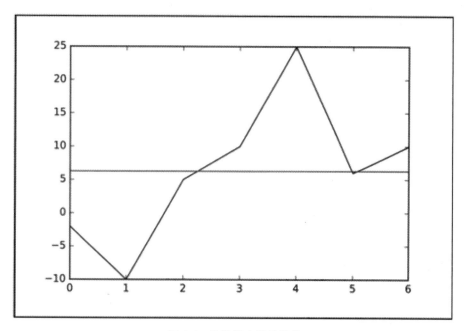

图 1.7 分散样本集的趋势

（2）方差（Variance）

正如前面的例子所示，平均值不足以描述非均匀或非常分散的样本数据。

为了使用一个唯一的值来描述样本值的分散程度，需要介绍方差的概念。它需要将样本集的平均值作为起点，然后对样本值到平均值的距离取平均值。方差越大，样本集越分散。

方差的规范定义如下。

$$\sigma^2 = \frac{1}{n} \sum (x_i - \mu)^2$$

下面采用以前使用的库，编写示例代码来说明这个概念。为了清楚起见，这里重复 mean 函数的声明。代码如下。

```
import math #This library is needed for the power operation
def mean(sampleset):  #Definition header for the mean function
    total=0
    for element in sampleset:
```

```
        total=total+element
    return total/len(sampleset)

def variance(sampleset):  #Definition header for the mean function
    total=0
    setmean=mean(sampleset)
    for element in sampleset:
        total=total+(math.pow(element-setmean,2))
    return total/len(sampleset)

myset1=[2.,10.,3.,6.,4.,6.,10.]  #We create the data set
myset2=[1.,-100.,15.,-100.,21.]
print "Variance of first set:" + str(variance(myset1))
print "Variance of second set:" + str(variance(myset2))
```

前面的代码将输出以下结果。

```
Variance of first set:8.69387755102
Variance of second set:3070.64
```

正如上面的结果所示，当样本值非常分散时，第二组的方差要高得多。因为计算距离平方的均值是一个二次运算，它有助于表示出它们之间的差异。

（3）标准差（Standard Deviation）

标准差只是对方差中使用的均方值的平方性质进行正则化的一种手段。它有效地将该项线性化。这个方法可以用于其他更复杂的操作。

以下是标准差的表示形式。

$$\sigma = \sqrt{\frac{1}{n}\sum (x_i - \mu)^2}$$

1.3.2　概率与随机变量

概率与随机变量对于理解本书所涉概念极为重要。

概率（Probability）是一门数学学科，它的主要目标就是研究随机事件。从实际的角度讲，概率试图从可能发生的所有事件中量化事件发生的确定性（或者不确定性）。

1．事件

为了理解概率，我们首先对事件进行定义。在给定的实验中，执行确定的动作可能出现不同的结果。事件就是该实验中所有可能结果的子集。

关于事件的一个例子就是摇骰子时出现的特定数字，或者装配线上出现的某种产品缺陷。

（1）概率

按照前面的定义，概率是事件发生的可能性。概率被量化为 $0 \sim 1$ 之间的实数。当事件发生的可能性增加时，概率 P 也按照接近于 1 的趋势增加。事件发生概率的数学表达式是 $P(E)$。

（2）随机变量和分布

在分配事件概率时，可以尝试覆盖整个样本，并为样本空间中的每个可能分配一个概率值。

这个过程具有函数的所有特征。对于每一个随机变量，都会为其可能的事件结果进行赋值。这个函数称为随机函数。

这些变量有以下两种类型。

● **离散**（**Discrete**）：结果的数量是有限的或可数无穷的。

● **连续**（**Continuous**）：结果集属于连续区间。

这个概率函数也称为**概率分布**（**Probability Distribution**）。

2．常用概率分布

在多种可能的概率分布中，有些函数由于其特殊的性质或它们所代表问题的普遍性而被研究和分析。

本书将描述那些常见的概率分布。它们对机器学习的发展具有特殊的影响。

（1）伯努利分布（Bernoulli Distribution）

从一个简单的分布开始：像抛硬币一样，它具有二分类结果（binary outcome）。

这个分布表示单个事件。该事件中 1（正面）的概率为 p，0（反面）的概率为 $1-p$。

为了实现可视化，可以使用 np（NumPy 库）生成大量伯努利分布的事件，并绘制该分布的趋势。它有以下两种可能的结果。代码如下。

```
plt.figure()
distro = np.random.binomial(1, .6, 10000)/0.5
plt.hist(distro, 2 , normed=1)
```

下面通过图 1.8 中的直方图显示二项分布（Binomial Distribution），可以看出结果概率的互补性质。

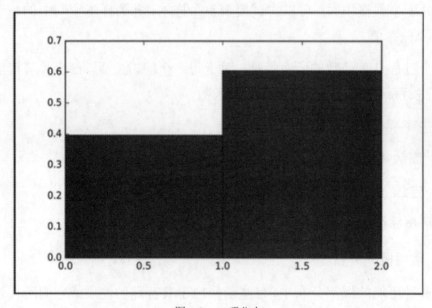

图 1.8 二项分布

可能结果的概率互补趋势非常明显。现在用更多的可能结果来补充模型。当结果的数目大于 2 时，采用**多项式分布**（**Multinomial Distribution**）。代码如下。

```
plt.figure()
distro = np.random.binomial(100, .6, 10000)/0.01
plt.hist(distro, 100 , normed=1)
plt.show()
```

结果如图 1.9 所示。

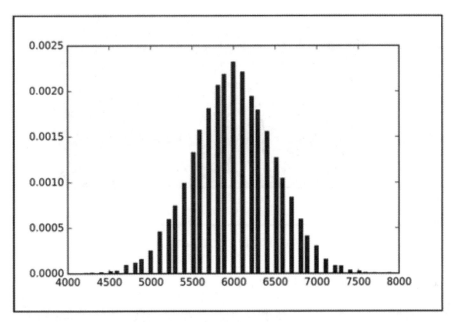

图 1.9   100 种可能结果的多项式分布

（2）均匀分布（Uniform Distribution）

这种非常常见的分布是本书出现的第一个连续分布。顾名思义，对于域的任何区间，它都有一个恒定的概率值。

a 和 b 是函数的极值，为了使函数积分为 1，这个概率值为 $1/(b-a)$。

下面用一个非常规则的直方图生成样本均匀分布的图。代码如下。

```
plt.figure()
uniform_low=0.25
uniform_high=0.8
plt.hist(uniform, 50, normed=1)
plt.show()
```

结果如图 1.10 所示。

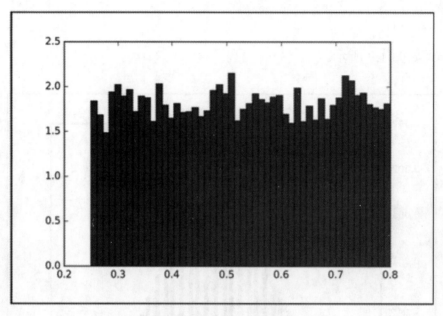

图 1.10　均匀分布

（3）正态分布（Normal Distribution）

这是一种常见的连续随机函数，也称作**高斯函数（Gaussian Function）**。虽然表达式有些复杂，但它只需要用均值和方差来定义。

这是函数的标准形式。

$$f(x \mid \mu, \sigma^2) = \frac{1}{\sqrt{2\sigma^2\pi}} e^{-\frac{(x-\mu)^2}{2\sigma^2}}$$

查看下面的代码。

```
import matplotlib.pyplot as plt #Import the plot library
import numpy as np
mu=0.
sigma=2.
distro = np.random.normal(mu, sigma, 10000)
```

```
plt.hist(distro, 100, normed=True)
plt.show()
```

图 1.11 所示为生成的分布直方图。

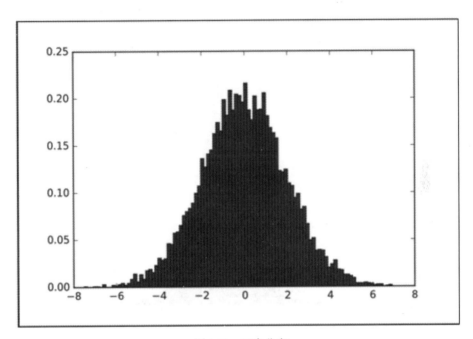

图 1.11　正态分布

（4）Logistic 分布（Logistic Distribution）

它类似于正态分布，但在形态上与正态分布存在较大差异，其具有细长的尾部。它的重要性在于**积累分布函数（Cumulative Distribution Function，CDF**），下面的章节中将会使用到它，读者会觉得它看起来很熟悉。

下面这段代码表示了它的基本分布。

```
import matplotlib.pyplot as plt #Import the plot library
import numpy as np
mu=0.5
sigma=0.5
distro2 = np.random.logistic(mu, sigma, 10000)
plt.hist(distro2, 50, normed=True)
distro = np.random.normal(mu, sigma, 10000)
```

```
plt.hist(distro, 50, normed=True)
plt.show()
```

结果如图 1.12 所示。

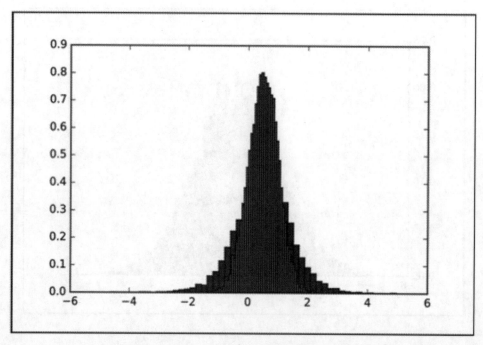

图 1.12　Logistic 分布（绿）和正态分布（蓝）①

如前所述，计算 Logistic 分布的积累分布函数时，读者将看到一个非常熟悉的图形，即 **Sigmoid** 曲线。后面在回顾神经网络激活函数时，还将再次看到它。代码如下。

```
plt.figure()
logistic_cumulative = np.random.logistic(mu, sigma, 10000)/0.02
plt.hist(logistic_cumulative, 50, normed=1, cumulative=True)
plt.show()
```

结果如图 1.13 所示。

① 根据图表原文中 Logistic(red)应为 Logistic(green)。——译者注

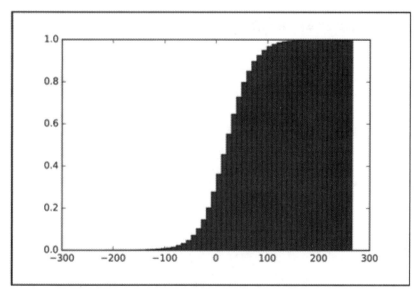

图 1.13 逆 Logistic 分布

1.3.3 概率函数的统计度量

这一节中，将看到概率中常见的统计度量。首先是均值和方差，其定义与前面在统计学中看到的定义没有区别。

1. 偏度（Skewness）

它表示了一个概率分布的横向偏差，即偏离中心的程度或对称性（非对称性）。一般来说，如果偏度为负，则表示向右偏离；如果为正，则表示向左偏离。

$$(S_k) = \frac{1}{n}\frac{\sum_{i=1}^{n}(X_i - \bar{X})^3}{s^3}$$

图 1.14 描绘了偏度的统计分布。

2. 峰度（Kurtosis）

峰度显示了分布的中心聚集程度。它定义了中心区域的锐度，也可以反过来理解，就是函数尾部的分布方式。

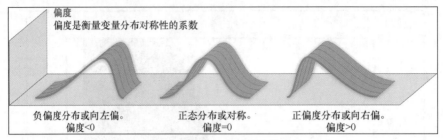

图 1.14　分布形状对偏度的影响

峰度的表达式如下。

$$Kurtosis = \frac{1}{n}\sum_{i=1}^{n}\left(\frac{x_i - \overline{x}}{SD(x)}\right)^4$$

由图 1.15 可以直观地理解这些新的度量。

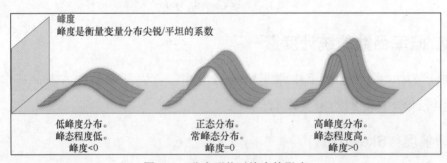

图 1.15　分布形状对峰度的影响

1.3.4　微分基础

为了覆盖机器学习的基础知识，尤其是像梯度下降（Gradient Descent）这样的学习算法，本书将介绍微分学所涉及的概念。

1.3.5　预备知识

介绍覆盖梯度下降理论所必需的微积分术语需要很多章节，因此我们假设读者已经理解连续函数的概念，如**线性**、**二次**、**对数**和**指数**，以及**极限**的概念。

为了清楚起见,我们将从一元函数的概念开始,然后简单地涉及多元函数。

1. 变化分析——导数

在前一节中介绍了函数的概念。除了在整个域中定义的常值函数之外,所有函数的值都是动态的。这意味着在 x 确定的情况下,$f(x_1)$ 与 $f(x_2)$ 的值是不同的。

微分学的目的是衡量变化。对于这个特定的任务,17 世纪的许多数学家(莱布尼兹和牛顿是杰出的倡导者)努力寻找一个简单的模型来衡量和预测符号定义的函数如何随时间变化。

这项研究将引出一个奇妙的概念——一个具有象征性的结果,在一定条件下,表示在某个点上函数变化的程度,以及变化的方向。这就是导数的概念。

在斜线上滑动

如果想测量函数随时间的变化,首先要取一个函数值,在其后的点上测量函数。第一个值减去第二个值,就得到函数随时间变化的程度。代码如下。

```
import matplotlib.pyplot as plt
import numpy as np
 %matplotlib inline
def quadratic(var):
    return 2* pow(var,2)
x=np.arange(0,.5,.1)
plt.plot(x,quadratic(x))
plt.plot([1,4], [quadratic(1), quadratic(4)], linewidth=2.0)
plt.plot([1,4], [quadratic(1), quadratic(1)], linewidth=3.0,
label="Change in x")
plt.plot([4,4], [quadratic(1), quadratic(4)], linewidth=3.0,
label="Change in y")
plt.legend()
plt.plot (x, 10*x -8 )
plt.plot()
```

前面的代码示例首先定义了一个二次方程($2 \times x^2$),然后定义 arange 函数的域（0～0.5，步长 0.1）。

定义一个区间，测量 y 随 x 的变化，并画出测量的直线，如图 1.16 所示。

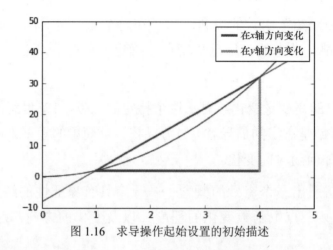

图 1.16 求导操作起始设置的初始描述

在 $x=1$ 和 $x=4$ 处测量函数，并定义这个区间的变化率。

$$\text{diff} = \frac{f(x_2) - f(x_1)}{x_2 - x_1}$$

根据公式，示例程序的运行结果是(36-0)/3=12。

这个方法可以用来近似测量，但它太依赖于测量的点，并且必须在每个时间间隔都进行测量。

为了更好地理解函数的动态变化，需要能够定义和测量函数域中每个点的瞬时变化率。因为是测量瞬时变化，所以需要减少域 x 值之间的距离，使各点之间的距离尽量缩短。我们使用初始值 x 和后续值 $x + \Delta x$ 来表示这个方法。

$$\text{diff} = \frac{f(x + \Delta x) - f(x)}{\Delta x}$$

下面的代码中，通过逐步减小 Δx 来逼近差分值。代码如下。

```
initial_delta = .1
x1 = 1
for power in range (1,6):
    delta = pow (initial_delta, power)
    derivative_aprox= (quadratic(x1+delta) - quadratic (x1) )/
    ((x1+delta) - x1 )
    print "del    ta: " + str(delta) + ", estimated derivative: " +
    str(derivative_aprox)
```

在上面的代码中，首先定义了初始增量 Δ，从而获得初始近似值。然后在差分函数中，对 0.1 进行乘方运算，幂逐步增大，Δ 的值逐步减小，得到如下结果。

```
delta: 0.1, estimated derivative: 4.2
delta: 0.01, estimated derivative: 4.02
delta: 0.001, estimated derivative: 4.002
delta: 0.0001, estimated derivative: 4.0002
delta: 1e-05, estimated derivative: 4.00002
```

随着 Δ 值的逐步减小，变化率将稳定在 4 左右。但这个过程什么时候停止呢？事实上，这个过程可以是无限的，至少在数值意义上是这样。

这就引出了极限的概念。在定义极限的过程中，使 Δ 无限小，得到的结果称之为 $f(x)$ 的导数或 $f'(x)$，公式如下。

$$\frac{\mathrm{d}y}{\mathrm{d}x} = f'(x) = \lim_{\Delta \to 0} \frac{f(x+\Delta x) - f(x)}{\Delta x - x}$$

但是数学家们并没有停止烦琐的计算。他们进行了大量的数值运算（大多是在 17 世纪手工完成的），并希望进一步简化这些操作。

现在构造一个函数，它可以通过替换 x 的值来得到相应的导数。对于不同的函数族，从抛物线($y = x^2 + b$)开始，出现了更复杂的函数（见图 1.17），这一巨大的进步发生在 17 世纪。

2. 链式法则

在函数导数符号确定后，一个非常重要的结果就是链式法则。莱布尼茨在

1676 年的一篇论文中首次提到这个公式。它可以通过非常简单优雅的方式求解复合函数的导数，从而简化复杂函数的求解。

名称	函数 $y = f(x)$		导数 $\partial y / \partial x$	
Logistic	$\dfrac{1}{1 + e^{-x}}$ 		$y(1 - y)$ 	
双曲正切	$\text{Tanh}(x)$ 		$1 - y^2$ 	
高斯	$e^{-x^2/2}$ 		$-xe^{-x^2/2}$ 	
线性	x 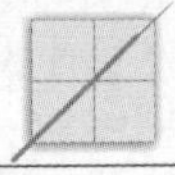		1 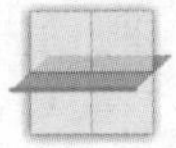	

图 1.17　复杂函数

为了定义链式法则，假设有一个函数 f, $F = f(g(x))$，那么导数可以定义如下。

$$\frac{\mathrm{d}z}{\mathrm{d}x} = \frac{\mathrm{d}z}{\mathrm{d}y} \cdot \frac{\mathrm{d}y}{\mathrm{d}x}$$

链式法则允许对输入值为另一个函数的方程求导。这与搜索函数之间关联的变化率是一样的。链式法则是神经网络训练阶段的主要理论概念之一。因为在这些分层结构中，第一层神经元的输出将是下一层的输入。在大多数情况下，复合函数包含了一层以上的嵌套。

偏导数（Partial Derivative）

到目前为止，本书一直使用单变量函数。但是从现在开始，将主要介绍多变量函数。因为数据集将不止包含一个列，并且它们中的每一列将代表不同的变量。

在许多情况下，需要知道函数在一个维度中的变化情况，这将涉及数据集的一列如何对函数的变化产生影响。

偏导数的计算包括将已知的推导规则应用到多变量函数,并把未被求导的变量作为常数导出。

看一看下面的幂函数求导法则。

$$f(x, y) = 2x^3 y$$

当这个函数对 x 求导时,y 作为常量。可以将它重写为 $3 \cdot 2\, y\, x^2$,并将导数应用到变量 x,得到以下结果。

$$\mathrm{d}/\mathrm{d}x(f(x, y)) = 6y * x^2$$

使用这些方法,可以处理更复杂的多变量函数。这些函数将是特征集的一部分,通常由两个以上的变量组成。

1.4 小结

本章介绍了许多不同的概念,包括对一些基本数学概念的回顾,它们是机器学习的基础。

当我们正式进入不同建模方法机制的学习时,这些概念将非常有用。应尽可能提高对它们的理解,以便更好地掌握算法的工作原理。下一章将对机器学习项目的整个工作流程进行概述,这将帮助读者理解从数据收集到结果评估所需要的各个元素。

第 2 章
学习过程

本书的第 1 章对机器学习进行了综述，介绍了机器学习相关领域的数学概念、发展历程和研究范围。

由于本书旨在为读者提供正确且实用的学习方法，接下来的内容将给出机器学习时的一般思维过程。这些概念将贯穿整个章节，帮助读者构建机器学习领域中最佳实践的一般架构。

本章的主要内容包括以下几点。

- 理解问题和定义。

- 数据集检索、预处理和特征工程。

- 模型定义、训练与评价。

- 理解结果和量化。

每个机器学习的问题都有其特性，尽管如此，随着技术的发展，在机器学习过程中也形成了必要的一般性步骤及与之对应的最优解决方法。接下来本章将总结这些步骤，并给出实例中的参考代码。

2.1 理解问题

在解决机器学习问题时，提前对数据和工作量进行分析和评估是十分必要的，与接下来的步骤相比，初始步骤并没有明确正式的规定，因而执行起来可以更加灵活。

由机器学习的定义可知，其最终目标是使得计算机将一组样本数据集学习泛化为某种行为或模型，因而，初始步骤的任务就是理解我们想要学习的能力。

在企业中，这个阶段的主要任务是进行可行的讨论和头脑风暴，读者需要自问以下问题。

- 目前需要解决的是什么问题？

- 当前的信息渠道是什么？

- 如何简化数据采集方式？

- 输入的数据是完整的吗？是否有空缺？

- 为了获取和处理更多的变量，还可以合并哪些额外的数据源？

- 数据是否是周期性出现的？或者是否可以实时获取数据？

- 对于特定的问题，时间的最小代表单位是什么？

- 问题中需要描述的行为特征是否改变？或者其基本特征在一定时间内是否稳定？

明确所研究的问题，包括扩展商业知识面并研究所有可能影响模型的有价值的信息源，当以上两部分内容确定后，接下来的任务就是生成一个具有某种组织形式和结构的变量集合，并以此作为模型的输入。

下面以一个问题定义和分析思考的过程来举例说明，假设公司 A 是一个零售连锁店，需要预测市场对某种产品在某一天的需求量，这是一个比较复杂的问题，因为它涉及顾客的行为，其中包含着一些不确定的因素。

建立这样一个模型需要什么数据作为输入呢？当然，我们希望获取此类产品的交易清单，但是如果该产品是一种日用品呢？如果该产品的需求量取决于大豆或面粉的价格，那么当前和过去的收成情况可能会丰富模型。如果该产品是一个中档商品，当前的通货膨胀和收入变动也可能会影响模型。

理解该问题涉及一些商业知识，并需要收集可能影响模型的有价值的信息源。从某种意义上来说，它更像是一种艺术形式，而这并未改变其重要性。然后假设基本问题已经分析完成，并且输入数据的特点和理想的数据输出已经明确，接下来的任务是生成一个具有某种组织和结构的变量值集合，并以此作为模型的输入，再经过数据清洗和处理过程就会成为可用的数据集。

2.2　数据集定义与检索

一旦模型确定了数据源，下一个任务就是将所有元组或记录转换成同类集合，形式可以是表格、一系列真实值（如声音和天气的变化量）和 N 维矩阵（如一组图片或点集）等。

2.2.1　ETL 过程

大数据处理领域的前几个阶段以数据挖掘的名义发展了几十年，后来才使用了当前人们所熟悉的名字——大数据。

这些学科的成果之一是抽取、转换和加载（Extraction Transform Load，ETL）过程的规范。

此过程起源于业务系统中的大量数据源（数据源可能是混合的），然后转移到将数据转换为可读状态的系统，最后通过生成具有成熟的结构化和文件化数据类型的数据集市来完成。

为了应用这个概念，将此过程的元素与结构化数据集的最终结果混合在一起，在解决有监督学习问题时，结构化数据集的最终形式包括一个额外的标签列。

整个过程如图 2.1 所示。

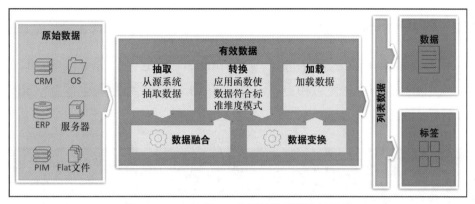

图 2.1 ETL 过程——从原始数据到有效数据

图 2.1 描述了数据管道的起始阶段，从所有获取的相关数据开始比较，无论是商业交易、物联网设备的原始数据，还是其他有价值的数据源信息，通常它们的类型和组成差异巨大。ETL 过程负责使用不同的软件过滤器从中收集原始信息，通过必要的变换排列数据，最后以表格形式呈现数据（我们可以将其视为包含最终特征或结果列的单个数据库，或带有综合数据的大型 CSV 文件）。由于数据已被标准化为非常清晰的表结构，因此可以很方便地使用这些数据，而无需考虑数据格式化的特性。

2.2.2 加载数据与使用 Scipy 和 Pandas 进行探索分析

考虑到 Python 中 Scipy 库和 Pandas 库的通用性，本节将通过以上两种 Python 库对应用实例进行介绍，概述几种数据格式。

首先从导入几种不同输入格式的数据集开始，并对数据集进行简单的统计分析。

说明

示例数据文件位于每章的程序路径之下 data 目录中。

2.2.3　与 IPython 交互

本节将介绍 Python 交互控制台（IPython），它是一个命令行 Shell，允许用户以交互的方式探索概念和方法。用户在命令行输入指令运行 IPython，如图 2.2 所示。

```
$ ipython
Python 2.7.11+ (default, Apr 17 2016, 14:00:29)
Type "copyright", "credits" or "license" for more information.

IPython 4.2.0 -- An enhanced Interactive Python.
?          -> Introduction and overview of IPython's features.
%quickref -> Quick reference.
help       -> Python's own help system.
object?    -> Details about 'object', use 'object??' for extra details.

In [1]:
```

图 2.2　在命令行输入指令运行 IPython

由图 2.2 可见，执行 ipython 命令后，可以看到快速帮助，在最后一行，用户可以导入库并执行命令，然后显示执行结果。此外，IPython 的另一个便捷的特点就是，用户可以重新定义变量，来对比不同输入的结果。

在本节的例子中，使用 Ubuntu 16.04 操作系统的标准 Python 版本，这里使用 Python 2.7 版本，其运行效果与 Python 3 相同。

首先，要导入 Pandas 库并加载 .csv 格式示例文件（一种常见的格式，每一行都是一条记录），文件中保存了一个非常著名的分类问题数据集，其中包含 150 个鸢尾花特征维度的分类问题，其中数字列 1、2、3 表示不同的类别。

```
In [1]: import pandas as pd #Import the pandas library with pd alias
```

在上面这一行代码中，通过 import 指令导入 Pandas 库，代码中的 as 修饰符允许我们使用简洁的名称对库中的所有对象和方法进行调用。

```
In [2]: df = pd.read_csv ("data/iris.csv") #import iris data as dataframe
```

以上代码 read_csv 命令允许 Pandas 猜测 .csv 文件可能的元素分隔符，

并将其存储在 dataframe 对象中。

下面对数据集进行简单的探索。

```
In [3]: df.columns
Out[3]:
Index([u'Sepal.Length', u'Sepal.Width', u'Petal.Length', u'Petal.Width',
u'Species'],
dtype='object')

In [4]: df.head(3)
Out[4]:
5.1 3.5 1.4 0.2 setosa
0 4.9 3.0 1.4 0.2 setosa
1 4.7 3.2 1.3 0.2 setosa
2 4.6 3.1 1.5 0.2 setosa
```

由上面的代码可知，数据集的列名及其前 *n* 个元素，在第一个寄存器中存储了 setosa 类鸢尾花的不同测量数值。

接下来，获取数据集的一个子集并显示子集的前 3 个元素。

```
In [19]: df[u'Sepal.Length'].head(3)
Out[19]:
0 5.1
1 4.9
2 4.7
Name: Sepal.Length, dtype: float64
```

说明

Pandas 包含许多用于导入列表数据格式的相关方法，例如用 read_hdf 导入 HDF5 格式、用 read_json 导入 JSON 格式以及用 read_excel 导入 Excel 数据。

除简单的数据集探索方法外，还可以用 Pandas 获取所有可见的描述性统计概念，以表征 Sepal.Length 列的分布。

```
#Describe the sepal length column
print "Mean: " + str (df[u'Sepal.Length'].mean())
print "Standard deviation: " + str(df[u'Sepal.Length'].std())
```

```
print "Kurtosis: " + str(df[u'Sepal.Length'].kurtosis())
print "Skewness: " + str(df[u'Sepal.Length'].skew())
```

以下是该分布的主要指标。

```
Mean: 5.84333333333
Standard deviation: 0.828066127978
Kurtosis: -0.552064041316
Skewness: 0.314910956637
```

现在，使用内置的 `plot.hist` 命令可以查看该分布的直方图（见图 2.3），从而直观地评估这些指标的准确性，代码如下。

```
#Plot the data histogram to illustrate the measures
import matplotlib.pyplot as plt
%matplotlib inline
df[u'Sepal.Length'].plot.hist()
```

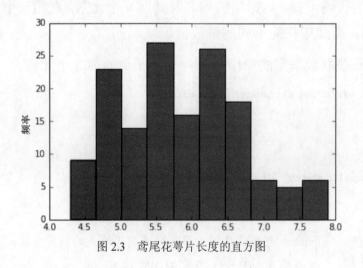

图 2.3　鸢尾花萼片长度的直方图

正如图 2.3 所示，其分布呈现正偏态，因为偏度是正的，并且由峰度指标可知，它是低峰分布类型。

2.2.4　二维数据处理

本节的内容将由表格结构数据处理转向二维数据结构处理，由于图像是目前流行的机器学习问题中常用的数据类型，本节将展示 SciPy 堆栈中包含的一些有用的方法。

以下代码经过优化，可在带有内嵌图形的 Jupyter Notebook 上运行。源代码可以在源文件 Dataset_IO.pynb 中找到。

```
import scipy.misc
from matplotlib import pyplot as plt
%matplotlib inline
testimg = scipy.misc.imread("data/blue_jay.jpg")
plt.imshow( testimg)
```

导入单个图像一般包括导入相应的模块、使用 imread 命令将指定的图像数据读成矩阵以及使用 Matplotlib 显示图像。以%作为起始行用于参数修改，表明接下来的 Matplotlib 图形应该内嵌在 Notebook 中显示，图中坐标轴对应像素数，结果如图 2.4 所示。

图 2.4　加载的原始 RGB 图像

testimg 变量包含高度×宽度×通道编号三维数组，数组中包含每个图像像素的所有红、绿、蓝数值，由以下命令获取这些信息。

```
testimg.shape
```

解释器将显示以下内容。

```
(1416, 1920, 3)
```

还可以尝试分离 3 个通道，并用红、绿、蓝刻度分别表示它们，从而解析图像中的颜色模式，代码如下。

```
plt.subplot(131)
plt.imshow( testimg[:,:,0], cmap="Reds")
plt.title("Red channel")
plt.subplot(132)
plt.imshow( testimg[:,:,1], cmap="Greens")
plt.title("Green channel")
plt.subplot(133)
plt.imshow( testimg[:,:,2], cmap="Blues")
plt.title("Blue channel")
```

前面的例子创建了 3 个子图，参数表示子图的结构和位置，其中第一个参数表示行号，第二个参数表示列号，最后一个参数表示该结构上子图的位置，cmap 参数表示分配给每个图形的色彩映射，输出如图 2.5 所示。

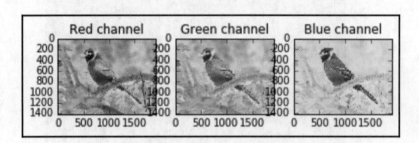

图 2.5　样本图像的分离通道显示

说明

注意，红色和绿色通道有着相似的模式，而蓝色色调表示例中的图像中占主导地位，因而通道分离的方式可能是探测这种鸟类及其栖息地的基本方法。

本节简要介绍了加载数据集的不同方法。接下来将会对其他获取数据集的高级方法进行介绍，包括加载和训练不同批次的样本集。

2.3　特征工程

从某种程度上来说，虽然在社区中特征工程（Feature Engineering）被许多人视为机器学习过程的基石，但它仍然一直处于被低估的地位。

这个过程的目的是什么？简而言之，它从数据库、传感器和历史记录等数据来源中获取原始数据，并以一种使模型易于泛化的方式对其进行转换。

特征工程从包括常识在内的许多来源获取标准，它更像是一门艺术，而非死板的科学，即便一定程度上它可以通过特征提取领域的一些技术实现自动化，但总体而言，它还是一个手动过程。

特征工程中还囊括了许多强大的数学工具和降维方法，例如主成分分析（Principal Component Analysis，PCA）和自编码（Autoencoder），它们允许数据科学家忽略那些不能更好表征数据集的特征。

2.3.1　缺失数据估算

在处理不太完美或者不完整的数据集时，缺失的寄存器本身可能不会为模型添加数据，但该行的所有其他元素对模型都是有用的，尤其是当模型具有较高比重的不完整数据时，因而不能轻易忽略任何一行数据。

估算缺失数据过程中的主要问题是"如何解读缺失数据？"针对这个问题，有很多解决方法，而其选择通常取决于问题本身。

可以简单地将缺失数据设置为零，其前提是假设数据分布的均值为 0，一个更好的方法是将缺失的数据与周围的内容相关联，将缺失位置的数据设为整个列或间隔为 n 的同列元素的平均值，另外一种选择是使用列的中值或出现频率最高的值。此外，还有更多先进的方法，如鲁棒法和 K 近邻算法，这些内容本书将不会涉及。

2.3.2　独热编码

数字或分类信息通常可以用整数表示,每个选项对应一个整数或多个离散的结果,但是某些情况下,当前选项的类别是首选,这种形式的数据表示方法称为独热编码(One Hot Encoding),这种编码方式只是将某个输入数据转换为索引值为 1 而其余值均为 0 的二进制数组。

下面的例子是在整数的情况下,独热编码中列表[1,3,2,4]的表示形式如下。

```
[[0 1 0 0 0]
 [0 0 0 1 0]
 [0 0 1 0 0]
 [0 0 0 0 1]]
```

为了更好地理解独热编码这个概念,下面给出为整数数组执行独热整数编码器的简单实现。

```
import numpy as np
def get_one_hot(input_vector):
result=[]
for i in input_vector:
 newval=np.zeros(max(input_vector))
 newval.itemset(i-1,1)
 result.append(newval)
 return result
```

在上面给出的例子中,首先定义 get_one_hot 函数,它接收一个数组作为输入并返回一个数组,代码首先逐个获取数组的元素,对数组中的每个元素,生成一个长度等于数组最大值的零数组,为所有可能的数据留出空间,然后在当前值指示的索引位置插入 1(注意:代码中的减 1 是因为从基于 1 的索引转到基于 0 的索引)。

运行上面的函数可以得到以下结果。

```
get_one_hot([1,5,2,4,3])

#Out:
[array([ 1., 0., 0., 0., 0.]),
```

```
array([ 0., 0., 0., 0., 1.]),
array([ 0., 1., 0., 0., 0.]),
array([ 0., 0., 0., 1., 0.]),
array([ 0., 0., 1., 0., 0.])]
```

2.4 数据预处理

当我们第一次深入研究数据科学时，一个常见的误区是期望所有数据从一开始就非常精细且具有良好的特性。然而，绝大多数情况下，数据并非如此，引起的原因有很多，例如无效数据、传感器故障引起的异常值和 NAN、寄存器错误、仪器引起的偏差以及导致模型拟合不良的各种缺陷，而最后一种原因必须尽力避免。

数据预处理阶段的两个关键内容是数据规范化和特征缩放。方法包括应用仿射法在保持数据完整性的前提下，将当前不平衡的数据映射到更易于处理的形状中，使其表现出更好的随机属性并改进模型，标准化的一般目标是通过数据规范化和特征缩放使数据分布更接近正态分布。

规范化和特征缩放

数据集预处理中一个非常重要的步骤是规范化和特征缩放。数据规范化将使得优化方法，特别是迭代方法，收敛得更好，并使数据更易于处理。

规范化或标准化

规范化或标准化旨在赋予数据集具有平均值为 0、标准差为 1 的标准正态分布属性，获得标准正态属性的方法是基于数据集样本计算 z 分数，公式如下。

$$z = \frac{x - \mu}{\sigma}$$

借助 scikit-learn，从 MPG 数据集中读取文件来分析和实践之前提到的新概念，该数据集包含以英里/加仑为单位的城市循环燃料消耗量，实验基于以下特征：mpg、cylinders、displacement、horsepower、weight、acceleration、model year、origin 和 car name，代码如下。

```
from sklearn import preprocessing
import pandas as pd
import numpy as np
import matplotlib.pyplot as plt

df=pd.read_csv("data/mpg.csv")
plt.figure(figsize=(10,8))
print df.columns
partialcolumns = df[['acceleration', 'mpg']]
std_scale = preprocessing.StandardScaler().fit(partialcolumns)
df_std = std_scale.transform(partialcolumns)
plt.scatter(partialcolumns['acceleration'], partialcolumns['mpg'],
color="grey", marker='^')
plt.scatter(df_std[:,0], df_std[:,1])
```

图 2.6 所示为规范化和未规范化的数据对比。

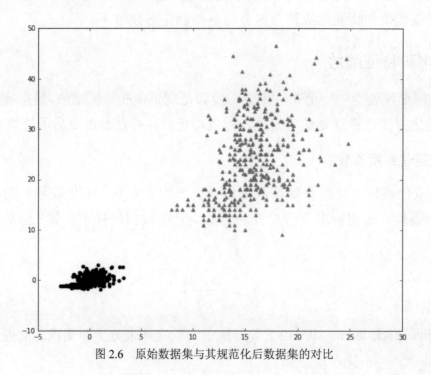

图 2.6　原始数据集与其规范化后数据集的对比

注意

为了保持数据的代表性，在评估时非规范化数据结果的记录是非常重要的，特别是当模型应用于回归时，如果数据未进行缩放，则认为预测的数据是无效的。

2.5 模型定义

如果需要用一个词来总结机器学习的过程，必然会是"模型"，这是因为机器学习通过抽象或模型表示和简化现实问题，使其基于训练模型得以解决。目前对于模型的选择变得越来越困难，因为几乎每天都会提出很多模型，但可以按照要执行的任务类型以及输入数据的类型对方法进行分组，通过这种方式可以缩小选择的范围，挑出适合解决特定问题的模型。

提出正确的问题

虽然有一定过于泛化的风险，但本节尝试总结一个典型的模型选择决策问题。

- 是否存在试图通过简单地根据特征对信息进行分组，而不需要先验的线索？如果存在，那就是聚类技术领域。

- 首要的也是最基本的问题：是尝试实时地预测变量的结果，还是将数据标记或分类成组？如果是前者，说明正在解决的是回归问题；如果是后者，则是分类问题的范畴。

- 解决了以上的两个问题并确定了第二个问题的某个选项后，要确定数据是否是连续的或者说是否应该考虑数据的序列，此时循环神经网络应该是一个不错的选择。

- 继续使用非聚类的方法：是否要检测数据或模式的空间分布？卷积神经网络是这类问题的常见解决方法。

- 通常情况下（要处理的数据没有特定排列），如果函数能够用一个单变量或多变量函数表示，就可以应用线性、多项式或逻辑回归等方法。如果需要使用复杂的模型，则多层神经网络可以为更复杂的非线性回归提供解决方案。

- 正在处理的问题中包含多少维度和变量？问题是否只需提取最有用的特征以及其对应的维度，而不需要实现其他的目标？这个问题属于降维方法的研究领域。

- 是否希望通过一系列旨在实现目标的步骤来学习一套策略？这属于强化学习领域。如果这些经典方法都不适合当前的研究，则会出现大量的利基技术，并且需要对其进行额外的分析。

说明

接下来的章节将涉及如何根据更严格的标准做出决策的相关内容，最后将模型应用于一般性的数据。此外，如果看到与本节中说明的标准不一致的内容，则可以查看第 8 章，了解更多的高级模型。

2.6　损失函数定义

机器学习过程中，损失函数的定义也非常重要，因为它提供了评价模型质量的方法，如果选择不当，可能会影响模型的准确性或其收敛速度的效率。

简言之，损失函数是测量从模型的估计值到实际期望值距离的函数。但必须考虑的一个事实是，几乎所有模型的目标都是最小化误差函数，为此，损失函数必须是可微分的，并且误差函数的导数应尽量简单。此外，当模型变得越来越复杂时，损失函数的导数也将变得更加复杂，因此需要使用迭代的方法近似求解导数，其中常用的方法就是梯度下降法。

2.7 模型拟合和评价

在模型拟合与评价阶段，模型和数据的问题已经处理完成，需要做的是继续训练和验证建立的模型。

数据集划分

在训练模型时，通常将所有获取的数据分成 3 组：用于调整模型的参数的训练集、用于比较数据模型的验证集（当只考虑单一模型和架构时，则可以忽略它）、用于测量所选模型准确性的测试集。这些数据集的划分比例通常为 7∶2∶1。

1. 常用训练术语——Iteration、Batch 和 Epoch

当训练模型时，会遇到一些常用的术语，这些术语在迭代优化过程中会有所涉及。

- Iteration（迭代）定义了计算误差梯度和调整模型参数的要求。当数据被反馈到样本组时，每一个组都被称为批处理。

- Batch（批处理）可以处理整个数据集，也可以只处理很小的子集，直到整个数据集被前向反馈为止，这样的批处理称为迷你批处理，批处理的样本个数为批处理的尺寸。

- Epoch（时期）：当一个完整的数据集通过一次网络，这个过程称为一个时期。

2. 训练类型——在线学习和批处理

训练过程提供了多种迭代数据集的方法，并根据输入数据和最小化误差的结果调整模型的参数。当然，在训练阶段，模型将以各种方式对数据集进行多次评估。

3．参数初始化

为了确保拟合有良好的起始状态，必须将模型权重初始化为最有效的值。例如，神经网络通常以 tanh 为激活函数，主要对[−1,1]或[0,1]范围的参数敏感，因此，数据规范化十分重要，而初始化参数也应该在相应的范围内。

为使模型能够更好地收敛，模型参数的选择应保证其具有有效的初始值，参数初始化值（权重）对训练阶段的影响很大。由于以 0 为初始化值时没有合适的函数斜率乘数来对其进行调整，这种初始值的选择会影响模型的优化，因而规范初始规则不是将变量初始化为 0，常见的合理标准是对所有的值使用正态随机分布。

通过 NumPy，通常会使用以下代码初始化系数向量。

```
mu, sigma = 0, 1
dist = np.random.normal(mu, sigma, 1000)
>>> dist = np.random.normal(mu, sigma, 10)
>>> print dist
[ 0.32416595 1.48067723 0.23039378 -0.59140674 1.65827372 -0.8241832
 0.86016434 -0.05996878 2.2855467 -0.19759244]
```

注意

此阶段的一个特殊问题来源是将所有模型的参数设置为零。由于许多优化方法通常将权重乘以确定系数以达到近似最小值，因此除了偏差项之外，乘以 0 将使模型不会出现任何变化。

2.8　模型应用与结果分析

如果不能在训练和测试集之外使用，则任何模型的实用性都得不到体现，模型应用与结果分析是模型在实践中发挥作用的阶段。

在这个阶段，通常的做法是加载所有模型由运行和训练得出的权重，等待未知新数据的输入，当数据输入到模型时，模型将通过所有的链接函数对输入进行反馈，通过 Web 服务通知输出层或操作结果、显示标准结果等。

然后，最终的任务是分析现实世界中应用模型的结果，不断地检查它在当前条件下是否有效，在生成模型的情况下，因为优化目标通常是先前已知的，所以其预测结果更容易分析。

2.8.1　回归指标

对于回归结果的分析，可以通过计算得到若干指标来衡量结果的有效性，以下是主要的指标。

1．平均绝对误差

用 mean_absolute_error 函数计算平均绝对误差（Mean Absolute Error，MAE），对应于绝对误差或 L1 范数损失期望值的风险指标。设 $\hat{y}_i$ 是第 i 个样本的预测值，而 y_i 是其真值，n 个样本估计的平均绝对误差定义如下。

$$MAE(y, \hat{y}) = \frac{1}{n_{samples}} \sum_{i=0}^{n_{samples}-1} \left| y_i - \hat{y}_i \right|$$

2．绝对中位差

绝对中位差（Median Absolute Error，MedAE）对异常值的健壮性很好，可以通过获取目标与预测之间的所有绝对差异的中值来计算误差。设 $\hat{y}_i$ 是第 i 个样本的预测值，而 y_i 其真值，那么 n 个样本的绝对中位差定义如下。

$$MedAE(y, \hat{y}) = median(\left| y_1 - \hat{y}_1 \right|, \cdots, \left| y_n - \hat{y}_n \right|)$$

3．均方误差

均方误差（Mean Squared Error，MSE）也是一个风险指标，等于误差损失的平方的期望值，设 $\hat{y}_i$ 是第 i 个样本的预测值，y_i 是相应的真值，则 n 个样本的 MSE 估计定义如下。

$$MSE(y, \hat{y}) = \frac{1}{n_{samples}} \sum_{i=0}^{n_{samples}-1} (y_i - \hat{y}_i)^2$$

2.8.2　分类指标

分类任务意味着估计误差的规则不同，其优势在于输出的量是离散的，因此可以通过二进制的方式确定预测是否有效，而这些特点也决定了任务的主要指标。

1. 准确率

准确率（Accuracy）的计算方式为对模型的正确预测次数或比例进行计数，在多标签分类任务中，该函数返回子集的准确率，如果样本全部的预测标签集与真实的标签集相匹配，那么子集的准确率为 1.0；否则，准确率是 0。

设 $\hat{y}_i$ 是第 i 个样本的预测值，y_i 是相应的真值，则 n 个样本的正确预测比例定义如下。

$$accuracy(y, \hat{y}) = \frac{1}{n_{samples}} \sum_{i=0}^{n_{samples}-1} 1(\hat{y}_i = y_i)$$

2. 精确率、召回率和 F 值

精确率（Precision）计算方法如下。

$$precision = \frac{tp}{tp + fp}$$

其中，t_p 表示将正样本预测为正的数量，f_p 表示将负样本预测为负的数量，精确率是分类器不将一个负样本标记为正的能力，最优值为 1，最差值为 0。

召回率（Recall）的计算方法如下。

$$recall = \frac{tp}{tp + fn}$$

其中，召回率可以理解为分类器识别出所有 positive 样本的能力，其取值范围为 (0, 1)。

F 值（F-measure）包括 F_β 值和 F_1 值，可以理解为精确率和召回率的加权调和平均值，F_β 度量的最大值为 1、最小值为 0。当 β =1 时，F_β 度量和 F_1 度量是等价的，此时召回率和精确率权重同样重要。

$$F_\beta = (1 + \beta^2) \frac{precision \cdot recall}{\beta^2 \, precision + recall}$$

3. 混淆矩阵

每个分类任务都旨在预测未知数据的标签，而量化分类准确性的一种非常有效的方法就是混淆矩阵（Confusion Matrix），本节将给出[分类样本，基准真值]这样一对数据并预测效果的详细视图。

期望输出是矩阵的主对角线，其分数为 1.0。也就是说，所有期望值应与实际值匹配。下面的代码示例将输入一个预测和实际值的综合样本，并生成数据最终的混淆矩阵。

```
from sklearn.metrics import confusion_matrix
import matplotlib.pyplot as plt
import numpy as np
y_true = [8,5,6,8,5,3,1,6,4,2,5,3,1,4]
y_pred = [8,5,6,8,5,2,3,4,4,5,5,7,2,6]
y = confusion_matrix(y_true, y_pred)
print y
plt.imshow(confusion_matrix(y_true, y_pred), interpolation='nearest',
cmap='plasma')
plt.xticks(np.arange(0,8), np.arange(1,9))
plt.yticks(np.arange(0,8), np.arange(1,9))
plt.show()
```

代码结果如下。

```
[[0 1 1 0 0 0 0 0]
 [0 0 0 0 1 0 0 0]
 [0 1 0 0 0 0 1 0]
 [0 0 0 1 0 1 0 0]
```

```
 [0 0 0 0 3 0 0 0]
 [0 0 0 1 0 1 0 0]
 [0 0 0 0 0 0 0 0]
 [0 0 0 0 0 0 0 2]]
```

代码输出结果的最终混淆矩阵输出如图 2.7 所示。

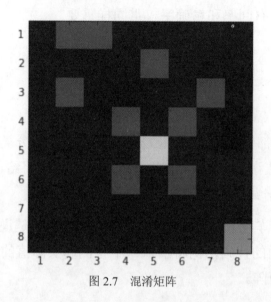

图 2.7　混淆矩阵

在图 2.7 中，坐标为（5,5）的正确预测数量是 3 个，而坐标（8,8）对应的数量为 2 个，因而，只需通过分析图表就可以直观地得到精度值的分布。

2.8.3　聚类质量评估

无监督学习技术被认为是一种无须事先标记的训练方法，可在训练后对数据进行归类，这也使得模型的效果指标评估比较困难。然而，对于无监督学习还有很多评估措施的。本节将介绍常见的聚类评估方法。

1．轮廓系数

轮廓系数（Silhouette Coefficient）是一个不需要知道数据集标签的量化方法，它提出了不同集群之间互相分离的概念，轮廓系数由两个元素构成。

- 样本与同一类中所有其他点之间的平均距离（a）。

- 样本与最近集群中所有其他点之间的平均距离（b）。

轮廓系数 s 可由以下方程计算得到。

$$s = \frac{b-a}{\max(a,b)}$$

说明

仅当数据集类的数量至少为 2 时才定义轮廓系数，且整个样本集的系数是所有样本系数的平均值。

2. 同质性、完整性与 V 值

同质性（Homogeneity）、完整性和 V 值是聚类操作效果的 3 个关键评价指标。在本节的公式中，K 表示集群数，C 表示类的数量，N 表示样本总数，a_{ck} 表示集群 k 中类 c 的元素数。

同质性是从属于某个集群的某个类别样本比例的量化，一个集群中包含的不同类越少越好，其下限应为 0.0，上限应为 1.0，计算公式如下。

$$H(C) = -\sum_{c=1}^{|C|} \frac{\sum_{k=1}^{|K|} a_{ck}}{N} \log \frac{\sum_{k=1}^{|K|} a_{ck}}{N}$$

完整性（Completeness）是指分配给同一集群的给定类的样本比例。

$$H(K) = -\sum_{k=1}^{|K|} \frac{\sum_{c=1}^{|C|} a_{ck}}{N} \log \frac{\sum_{c=1}^{|C|} a_{ck}}{N}$$

V 值（V-measure）是同质性和完整性的调和均值，由下式可以计算得出。

$$V_\beta = (1+\beta) \frac{h \cdot c}{\beta \cdot h + c}$$

2.9　小结

本章回顾了机器学习过程中涉及的所有主要步骤。在本书以下的部分中，将间接地应用到本章介绍的内容，希望它们也可以帮助读者构建起自己的工作框架。

下一章的内容将介绍用于解决机器学习问题的编程语言和框架，使读者可以在开始实践项目之前熟练地掌握它们。

第 3 章
聚类

本书前两个章节对机器学习进行了综述性的介绍，其中包括大量与机器学习相关的主题，从第 3 章开始，书中的内容将对一些机器学习模型的实现过程进行详细讲解。

在第 3 章，本章将探索一些有效且简单的方法来自动实现有趣的数据聚合，并开始研究数据产生自然分组的原因。

本章将包括以下几个主题的内容。

● 逐行实现 K-means 算法的示例，并解释数据结构和程序的实现。

● 对 k 近邻（K-Nearest Neighbors，K-NN）算法的详细解释，并使用代码示例来解释整个过程。

● 确定表示一组样本的最佳分组数量的方法。

3.1 分组——一种人类行为

人类通常倾向于将日常生活中的元素聚合到具有相似特征的组里，人类思维的这一特征也可以通过算法复现，与之相对，有一个可应用于任何无标签数据集的简单操作，即围绕共同特征对元素进行分组。

正如我们所描述的，机器学习发展到现阶段，聚类作为教学中的入门级主题，适用于处理简单的数据集分类。

对此，作者建议读者还是需要对这个领域进行详细的研究，因为就目前理论研究的趋势来看，在 AI 可完成的任务全面推广前，当前模型的性能将达到一个稳定的水平，而推动跨越边界迈向人工智能下一阶段的动力会是什么呢？我们认为会是本章所介绍的聚类方法的复杂的变化形式——无监督学习方法。

下面回归到本章的主题，从简单的分组标准开始，即到公共中心的距离，这被称为 K-means。

3.2　自动化聚类过程

所有聚类信息分组方法都遵循一个的通用模式：首先是初始化阶段，然后在迭代过程中加入新的元素，并对新的组间关系进行更新，重复以上过程直到组的特征形成，满足停止更新的标准为止，图 3.1 说明了此流程。

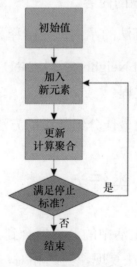

图 3.1　一般聚类算法过程

对整个过程有了清晰的了解后，我们将学习几个案例，它们都使用了以上模式，我们从 K-means 开始。

3.3 寻找一个共同的中心——K-means

在必要的理论学习准备后，本节开始从数据中学习，并希望标记在现实生活中观察到的数据。

本节的例子中包括了以下要素。

● 一组数值类型的 N 维元素。

● 预定义的分组数量（需要进行有根据的猜测，因而其定义有一定难度）。

● 一组共同代表点，每个分组都有一个代表点（称为质心）。

该方法的主要目的是将数据集分成任意数量的簇，每个簇可以由上文中描述的质心表示。

质心一词来自数学界，并被引入到微积分和物理学中，图 3.2 所示是三角形质心分析计算的经典表示。

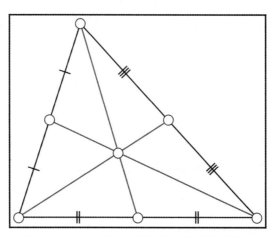

图 3.2　三角形质心分析计算方法的图形描述

对于 R^n 中的 k 个点 $x_1, x_2, \cdots, x_k$ 的有限集合，其质心定义如下。

$$C = \frac{x_1 + x_2 + \cdots + x_k}{k}$$

现在已经定义了这个中心指标，那么，一个重要的问题是"质心与数据元素的聚合有什么关系？"要回答这个问题，必须先了解点到质心距离的概念，距离的定义有很多种，可以是线性形式、二次形式和其他形式，下面将介绍主要的距离类型。

注意

在接下来的介绍中，为简化起见，默认定义的数据距离度量类型为二维数据。

常见距离的定义有以下 3 种类型。

● **欧几里得距离**：该距离度量以两点之间的直线形式计算距离，其公式如下。

$$\sqrt{(x_1 - x_2)^2 + (y_1 - y_2)^2}$$

● **切比雪夫距离**：该距离等于沿任意坐标轴的最大距离，它也被称为国际象棋距离，因为它给出了国王从初始点到最终点所需的最小移动量，其定义如下。

$$\max(|x_1 - x_2|, |y_1 - y_2|)$$

● **曼哈顿距离**：这个距离相当于将一个城市分成多个单位正方形，在其中沿正方形的边从一个点到另一个点，该 L1 型距离对增加的水平单位数和垂直单位数进行求和，其公式如下。

$$|x_1 - x_2| + |y_1 - y_2|$$

图 3.3 进一步说明了不同类型距离的公式。

为 K-means 选择的距离度量是欧几里得距离，因为这种距离度量易于计算并且可以很好地扩展到多维条件下。

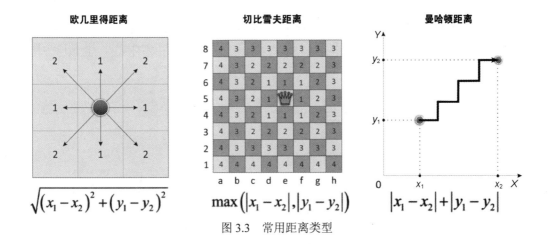

图 3.3 常用距离类型

目前已经准备好所有元素，下面定义本节用于定义即将分配给所有给定样本的标签的标准，学习规则可以总结为："样本将被分配给由最近的质心表示的组。"

K-means 方法的目标是将由簇元素到包含样本的所有簇质心的平方距离之和最小化，通常也称其为**惯性最小化**。

在图 3.4 中，可以看到将典型 K-means 算法应用于类似团状样本群体的结果，预设簇的数量为 3。

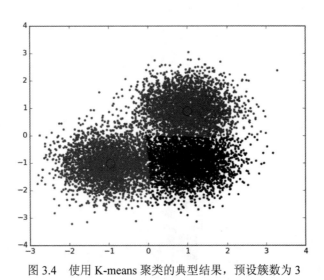

图 3.4 使用 K-means 聚类的典型结果，预设簇数为 3

K-means 是一种简单有效的算法，可用于快速了解数据集的组织方式，它的主要特点是，属于同一类的元素将共享一个共同的距离中心，且距离中心随着新样本的加入而更新。

3.3.1　K-means 的优缺点

K-means 算法有如下几个优点。

- K-means 容易扩展到多维条件下，算法内部大部分的计算可以并行执行。

- K-means 目前在非常广泛的领域里得到了应用。

根据 No Silver Bullet 规则，其简单的特性也有一些代价。

- K-means 算法要求应用者有先验知识，即要预先给出可能的簇数。

- 异常值可以使质心位置偏移，因为它们具有与其他样本相同的权重。

- 由于算法的前提是假设分布是凸的且各向同性，因此对于非团状的簇而言，算法的效果不好。

3.3.2　K-means 算法分解

K-means 算法的原理如图 3.5 所示。

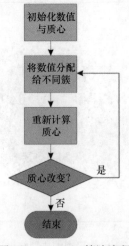

图 3.5　K-means 算法流程

算法流程的详解如下。

从未分类的样本开始，选择 k 个元素作为起始质心，一种简化此算法的做法是，用元素列表中的第一个元素作为起始质心。

然后计算样本和选择的起始质心之间的距离，从而得到第一个计算的质心（或其他具有代表性的数值）。可以在图 3.6 中看到更直观的中心位置的变化过程。

在质心改变之后，它们的位移将导致各个距离发生变化，因此上一次循环中元素对簇的隶属度可能会发生变化。此时要重新计算质心并重复第一步，直到满足结束条件为止。

结束循环的条件可以是以下几种。

● 经过 n 次迭代，n 可能达到提前设置的一个非常大的数值，这时不再进行不必要的重复计算。或者 n 次迭代后可能会收敛得很慢，此时，如果质心没有非常稳定的平均值，则计算的结果将不具可信性。

● 验证迭代是否收敛的一个更好的标准是检查质心的变化，可以是质心的总位移，也可以是总的簇元素个数的切换，而通常情况下，会使用第二个方法，因此一旦没有更多元素从当前簇切换到另一个簇，则算法的迭代应该结束。

说明

N 次迭代条件也可以用作最后的方法，因为它可能导致很长的迭代过程，而在这个迭代过程中，无法看到任何变化。

下面本节尝试直观地总结 K-means[①]聚类的过程，通过几个步骤，观察聚类如何随时间演变。

---

① 原书中为 KNN，应该是出错了，在译稿中改成了 K-means。——译者注

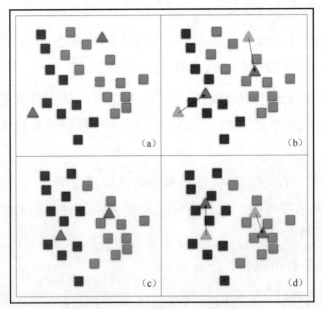

图 3.6　聚类过程中簇循环更新的图形示例

在图 3.6（a）中，随机选择两个簇的起始质心，为其分配最接近的数据元素。然后在图 3.6（b）中，更新簇的质心，再次将元素重新分配到两个簇中，如图 3.6（c）所示，直到达到静止状态，聚合过程也可以逐个元素进行，这将触发重新配置策略，也将是本章实现部分的策略。

3.3.3　K-means 算法实现

本节将以实例的形式，从基本概念出发，回顾 K-means 算法。

首先，在 Python 中导入需要的库，为了提高算法的可读性，本节将使用 Numpy 库，另外，还将使用 Matplotlib 库来进行算法的图形化表示，通过如下代码导入库。

```
import numpy as np

import matplotlib
import matplotlib.pyplot as plt

%matplotlib inline
```

本节的实例对象类型选择了二维元素，然后生成 4 个二维元素作为起始质心。

为了生成数据集，通常使用随机数生成器。为方便起见，在本节的实例中，将样本设置为预定义值，并且允许读者可重复这些过程，代码如下。

```
samples=np.array([[1,2],[12,2],[0,1],[10,0],[9,1],[8,2],[0,10],[1,8],[2,9],
[9,9],[10,8],[8,9] ], dtype=np.float)
centers=np.array([[3,2], [2,6], [9,3], [7,6]], dtype=np.float)
N=len(samples)
```

接下来表示样本的质心。首先，使用相应的坐标轴初始化一个新的 Matplotlib 图形，可以通过程序中的 fig 改变图形中的所有参数。变量 plt 和变量 ax 分别是为整个图和图中一个坐标轴标准化的命名方法。此外，通过 Matplotlib 库的 scatter 绘图命令实现样本分布散图的绘制，scatter 命令以表示 x 坐标位置的数组、表示 y 坐标位置的数组、散点大小、标记类型和颜色作为参数。

说明

有多种标记可供选择，例如点（.）、圆（o）、方形（s）等。

接下来的代码如下。

```
fig, ax = plt.subplots()
ax.scatter(samples.transpose()[0], samples.transpose()[1], marker =
'o', s = 100 )
ax.scatter(centers.transpose()[0], centers.transpose()[1], marker =
's', s = 100, color='black')
plt.plot()
```

结果如图 3.7 所示。

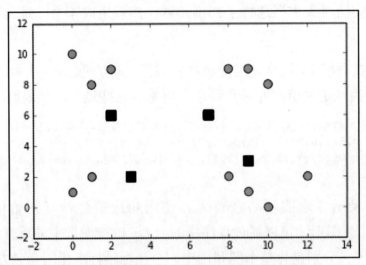

图 3.7　初始簇状态，其中黑色正方形为起始质心

接下来定义一个函数，当给定一个新的样本，函数返回值为一个列表，其中包含了所有元素到当前质心的距离，通过这个列表将这个新元素分配给其中一个质心，然后通过以下代码重新计算质心。

```
def distance (sample, centroids):
    distances=np.zeros(len(centroids))
    for i in range(0,len(centroids)):
        dist=np.sqrt(sum(pow(np.subtract(sample,centroids[i]),2)))
        distances[i]=dist
    return distances
```

然后需要一个能够逐个构建实例程序中每一步所对应图形的函数，函数最多产生 12 个子图，并且 plotnumber 参数将确定子图在 6×2 矩阵上的位置（如 620 是最左上方的子图，最右上方是 621，依此类推）。然后，对于每张图片，程序将对聚类后的样本通过散点图表示，之后在散点图上显示出当前质心位置，代码如下。

```
def showcurrentstatus (samples, centers, clusters, plotnumber):
    plt.subplot(620+plotnumber)
    plt.scatter(samples.transpose()[0], samples.transpose()[1], marker
='o', s = 150 , c=clusters)
    plt.scatter(centers.transpose()[0], centers.transpose()[1], marker
```

```
='s', s = 100, color='black')
plt.plot()
```

接下来用到的函数称为 kmeans，使用前面介绍过的距离函数来存储为元素分配的质心，存储形式为 1～K 的数字。程序中主循环将从样值 0 转到样值 N，并且对每个主循环，它将查找与元素最接近的质心，将质心编号分配给簇数数组的第 n 个索引，然后将元素的坐标加到当前为其分配的质心坐标上。接下来，在本节实例代码中使用了 bincount 方法来计算为每个质心分配的样本数，并通过构建一个 divisor 数组，将每个簇中分配的元素坐标总和除以 divisor 数组，从而得到新的质心。

```
def kmeans(centroids, samples, K, plotresults):
    plt.figure(figsize=(20,20))
    distances=np.zeros((N,K))
    new_centroids=np.zeros((K, 2))
    final_centroids=np.zeros((K, 2))
    clusters=np.zeros(len(samples), np.int)

    for i in range(0,len(samples)):
        distances[i] = distance(samples[i], centroids)
        clusters[i] = np.argmin(distances[i])
        new_centroids[clusters[i]] += samples[i]
        divisor = np.bincount(clusters).astype(np.float)
        divisor.resize([K])
        for j in range(0,K):
        final_centroids[j] = np.nan_to_num(np.divide(new_centroids[j] ,
        divisor[j]))
        if (i>3 and plotresults==True):
            showcurrentstatus(samples[:i], final_centroids,
            clusters[:i], i-3)
        return final_centroids
```

接下来，使用最初设置的初始样本和中心来启动 K-means 流程，当前算法将显示簇从几个元素开始演变为最终状态的过程，代码如下。

```
finalcenters=kmeans (centers, samples, 4, True)
```

结果如图 3.8 所示。

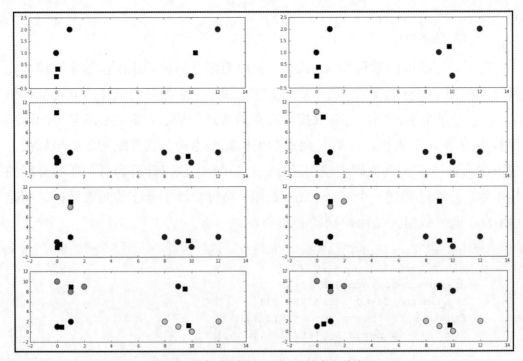

图 3.8 聚类过程描述，质心由黑色方块表示

3.4 最近邻（Nearest Neighbors）

K 近邻（K-Nearest Neighbors，K-NN）是另一种经典的聚类方法，K-NN 假设每个新样本与其邻居具有相同的类，并以此为标准构建样本的簇。在执行过程中，它不是寻找具有全局代表性的中心样本，而是通过查看样本周围的环境，在每个新样本的环境中寻找最常见的类。

1. K-NN 的原理

K-NN 可以在许多不同设定中实现，本章将使用半监督方法，从一定数量的已分配样本开始，使用一定的标准估计新样本对不同簇的隶属程度。

图 3.9 对算法进行了分解，可以通过以下步骤进行总结。

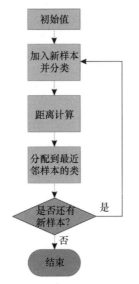

图 3.9　K-NN 聚类过程的流程图

接下来以简化的形式回顾所有相关步骤。

1）将已知的样本加入到数据结构中。

2）读取下一个待分类的样本，并计算从新样本到训练集中每个样本的欧氏距离。

3）通过按欧氏距离选择的最近样本，K-NN 方法需要最近的 K 个样本进行投票来决定新样本的类。

4）重复该过程，直到没有剩余的样本。

图 3.10 描述了如何添加新样本，在图中的例子里，为简单起见，将 K 设为 1。

K-NN 可以在多种条件设定下实现，本章将使用半监督方法，从一定数量的已分配样本开始，然后根据训练集的特征估计新样本对不同簇的隶属程度。

2．K-NN 的优缺点

K-NN 算法有如下几个优点。

● 简单：无须调整参数。

● 无须正式训练：仅需要更多训练样本来改进模型。

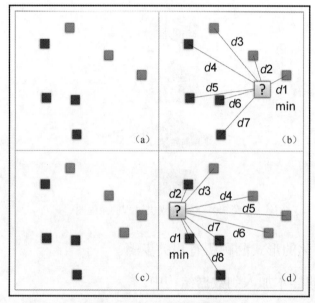

图 3.10　一个 K-NN 循环示例

算法的缺点是计算成本很高，而且计算是非常原始的方式，必须计算所有点与每个新样本之间的距离，除非实现缓存。

3.5　K-NN 算法实现示例

对于 K-NN 方法的简单实现，本节将使用 NumPy 库和 Matplotlib 库，此外，为了方便读者更好地理解，本节将生成一个合成数据集，使用 scikit-learn 中的 make_blobs 方法生成定义明确且分离的信息组，从而使本节的实现有一个可靠的参考。

通过以下代码导入需要用到的库。

```
import numpy as np
```

```
import matplotlib
import matplotlib.pyplot as plt

from sklearn.datasets.samples_generator import make_blobs
%matplotlib inline
```

以下代码将为本节中的实例生成数据样本，其中 make_blobs 函数通过样本数量、特征或维度的数量、中心或组的数量、样本是否必须打乱以及聚类的标准偏差等参数控制组样本的分散程度。

```
data, features = make_blobs(n_samples=100, n_features = 2, centers=4,
shuffle=True, cluster_std=0.8)
fig, ax = plt.subplots()
ax.scatter(data.transpose()[0], data.transpose()[1], c=features,marker
='o', s = 100 )
pl
```

图 3.11 是生成的样本 blob 的展示。

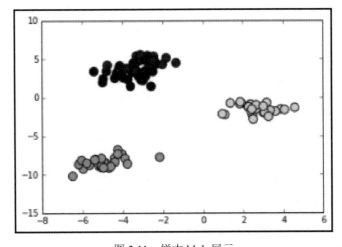

图 3.11　样本 blob 展示

首先要定义距离函数，这对于找到所有新样本的邻居是必要的，在如下代码中，每提供一个新样本，将返回所提供的新样本与所有样本之间的距离。

```
def distance (sample, data):
    distances=np.zeros(len(data))
    for i in range(0,len(data)):
```

```
        dist=np.sqrt(sum(pow(np.subtract(sample,data[i]),2)))
        distances[i]=dist
    return distances
```

add_sample 函数将接收新的二维样本、当前数据集以及标记相应样本组的数组（在本例中为 0～3），使用 argpartition 来获取新样本的 3 个最近邻居的索引，然后使用索引来提取 features 数组的子集，之后，bincount 函数将返回该 3 个样本子集上所有类的计数，然后使用 argmax，在包含 2 个样本的计数集合中选择该组中样本最多组的索引（在本例中为类号），代码如下。

```
def add_sample(newsample, data, features):
    distances=np.zeros((len(data),len(data[0])))
    #calculate the distance of the new sample and the current data
    distances = distance(newsample, data)
    closestneighbors = np.argpartition(distances, 3)[:3]
    closestgroups=features[closestneighbors]
    return np.argmax(np.bincount(closestgroups))
```

然后定义 knn 函数，它将添加新数据并使用由 data 和 features 参数表示的原始分类数据来确定新样本的类，代码如下。

```
def knn (newdata, data, features):
    for i in newdata:
        test=add_sample (i, data, features);
        features=np.append(features, [test],axis=0)
        data=np.append(data, [i],axis=0)
    return data,features
```

启动整个过程，代码在 *x* 和 *y* 维度上定义了一组（−10,10）范围内的新样本，并用它调用 knn 例程，代码如下。

```
    newsamples=np.random.rand(20,2)*20-8.
>    finaldata, finalfeatures=knn (newsamples, data, features)
```

展示最终结果，首先是显示初始样本，相比于随机值，它们有更好的特征，然后用空方块（c='none'）为作样本的标记，表示最终的结果，代码如下。

```
fig, ax = plt.subplots()
ax.scatter(finaldata.transpose()[0], finaldata.transpose()[1],
c=finalfeatures,marker = 'o', s = 100 )
```

```
ax.scatter(newsamples.transpose()[0], newsamples.transpose()
[1],c='none',marker =
's', s = 100 )
plt.plot()
```

图 3.12 展示了最终的结果。

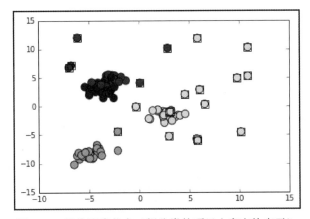

图 3.12 最终聚类状态（新分类的项目由空方块表示）

在图 3.12 中，可以看到随着算法过程的推进，实例中的 3 个邻居的简单模型能够很好地描述和重组数据，正如图中所示，新分组不一定是循环形式，它们会随着加入数据的形式变化。

3.6 算法扩展

目前本章通过实例，已经完成了对两种主要聚类技术的说明，剩余的部分将探索一些更高级的指标和技术，以便读者可以在工具箱中使用它们。

肘部法则（The Elbow method）

运用 K-means 时，可能出现的一个问题可能是：如何确定最具代表性数据集的簇数？

可以通过肘部法则来解决这一问题，法则通过对分组中总组分离度的独特统计测量实现，其工作原理是重复 K-means 程序，使用越来越多的初始簇数，并计算总簇内距离。

通常，除非起始就选择了正确数量的质心，该方法将以非常高的总簇内距离值开始，之后会观察到总簇内距离下降得非常快，直到它到达了变化不大的点，此时，已经找到了所谓的肘点，如图 3.13 所示。

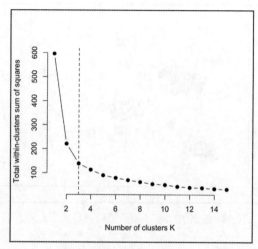

图 3.13　随着簇的数量增加误差演变及拐点的图形描述

关于指标的准确性，正如图 3.13 中所看到的那样，肘部法则是一种启发式而不是数学上确定的方法，但如果需要快速估计正确的聚类数量，尤其是当曲线在某些点突然变化很大时，可以考虑使用此方法。

3.7　小结

本章以非常实用的方式，介绍了简单但应用十分广泛的机器学习模型，从而使读者可以从复杂程度比较小的模型开始。

在接下来的章节中，本书将介绍几种回归技术，并使用新的数学工具逼近未知值，从而解决本书目前还没有涉及的一类新问题（虽然用目前的聚类方法也可能解决这类问题），在新的技术中，本书将涉及的内容包括使用数学函数对过去的数据建模，并尝试基于这些建模函数得到输出。

第 4 章
线性回归和逻辑回归

通过常规的特征对相似信息进行分组后，让我们从数学角度出发，寻找一种描述数据的方法。假设数据样本保持它们之前的特性，该方法通过一个特定的函数，压缩大量的信息，并且预测结果。

本章将讨论以下几点。

- 逐步实现的线性回归。

- 多项式回归。

- 逻辑回归及其实现。

- Softmax 回归。

4.1 回归分析

本章将先解释一个基本的问题：什么是回归？

回归基本上是一个统计过程。正如在第 1 章看到的，回归包含一系列具有特定概率分布的数据。总之，有大量的数据需要去描述。

在回归中，需要寻找哪些元素呢？最终目的是确定自变量和因变量的关系，因变量可以最优地适应所提供的数据。当一个函数可以用来描述自变量和因变量之间的关系时，这个函数将被称为回归函数。

有大量的函数类型可以用来对现有的数据进行建模，常见的是线性函数、多项式函数和指数函数。

这些方法的目标是确定一个目标函数，在这个例子中，函数将输出有限数量的未知优化参数，称为参数回归方法。

回归的应用

回归通常用于预测数据对应的变量值，是数据分析项目中最常用的初始数据建模方法，也可以用于优化过程，在相关但分散的数据之间找到共同点。

下面列出了一些回归分析的应用场景。

- 在社会科学中，预测各种指标的未来值，如失业率和人口。

- 在经济学中，预测未来的通货膨胀率、利率和其他类似的指标。

- 在地球科学中，预测未来的现象，比如臭氧层的厚度。

- 帮助处理普通企业考核指标的所有元素，添加生产吞吐量、收益、支出等的概率估计。

- 证明两种现象之间的依赖性和相关性。

- 找到反应实验中成分的最佳配合比。

- 最小化风险组合。

- 了解公司的销售对广告支出变化的敏感程度。

- 了解股票价格受利率变化的影响。

定量变量和定性变量

在处理数据的日常工作中，并不是所有的元素都是相同的，因此它们需要根据各自的特点进行特殊处理。为了识别问题的变量的合适度，可以进行一个非常重要的区分，即使用以下标准将数据类型划分为定量数据变量和定性数据变量。

● 定量变量：在物理变量或测量领域，通常使用实数或定性变量，因为最重要的是测量的量。在这一组中，有顺序变量，也就是说，当我们处理一个活动中的订单和排名时，这两种变量类型都属于定量变量。

● 定性变量：另外，有测量值来显示样本属于哪一类。从量的角度来说，不能用数字来表达，它通常会被分配一个类别或分类值，表示样本所属的组。这些变量被称为定性变量。

图 4.1 所示为定量分析和定性分析的区别。

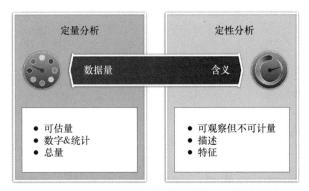

图 4.1　解决定量分析和定性分析的区别的参考表

现在讨论一下哪种类型的变量适用于回归问题。

答案是定量变量，因为数据分布的建模只能通过用来检测这些变量之间的规则对应关系的函数，而不是类或元素类型来完成。回归需要一个连续的输出变量，这种情况只能属于定量度量。

在定性变量的情况下，数据将被分配给分类问题，因为它的定义是分配给样本一个非数字标签。这就是分类的任务，将会在第 5 章中介绍。

4.2 线性回归

线性回归函数是简单但非常有用的数据抽象。

在线性回归中，我们试图找到一个线性方程，使数据点和模型线之间的距离最小化。模型函数采用以下的形式。

$$y_i = \beta x_i + \alpha + \varepsilon_i$$

这里，α是截距，β是模型线的斜率。变量 x 通常被称作自变量，y 是因变量，它也可以被称作回归变量或响应变量。

变量ε_i是一项很有意思的元素，它是样本 i 到回归线的距离，如图 4.2 所示。

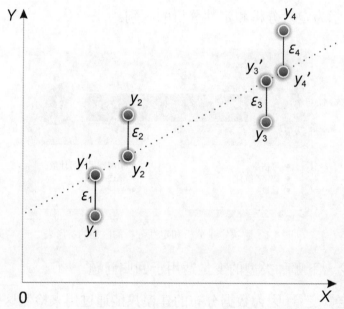

图 4.2　回归线的组件的描述，包括原始元素、估计元素和误差（ε）

所有这些距离的集合，以一种叫作代价函数的形式计算得到，作为解决过程的结果，这些未知参数的值可以使代价最小化。

4.2.1　代价函数的确定

和所有机器学习技术一样，回归的学习过程依赖于一个最小化的损失函数，这个函数可以指出在当下的学习阶段，模型预测结果的正确性。

说明

线性回归问题中常用的代价函数是最小二乘法。

这里通过一个简单的 2D 回归的例子来定义代价函数，现有一个数字元组列表$(x_0,y_0),(x_1,y_1),\cdots,(x_n,y_n)$和对应的参数值$\beta_0$和$\beta_1$，那么，对应的最小二乘代价函数定义如下。

$$J(\beta_0,\beta_1)=\sum_{i=0}^{n}(y_i-\beta_0-\beta_1 x_i)^2$$

使用标准变量β_0和β_1的线性方程的最小二乘函数，将在下一节使用所有元素的总和给出一个全局数值，表明所有y_i与对应的回归线($\beta_0+\beta_1 x_i$)上的点的差的总和。

这一操作的基本原理特别简单。

● 求和得到了一个全局数值。

● 由模型预测的点和真实的点的差值得到 L1 误差。

● 求差值的平方，将得到一个正数，这是以非线性的方式对结果进行了惩罚，超过了误差限制，错误越多，惩罚率越大。

另一种说法是，这个过程最小化残差的平方的总和，残差是数据集得到的值与对应的模型预测值之间的差。

最小化误差的多种方式

最小二乘函数的解决方法有多种。

● 进行分析。

● 使用协方差和相关值。

● 机器学习中常用的梯度下降法。

4.2.2　分析方法

为了得到精确的解，这种分析方法采用了几种线性代数的方法。

说明

这里以一种非常简洁的方式来介绍这种方法，因为它与本书中回顾的机器学习方法没有直接的关系。展示它只是为了完整性。

首先，以矩阵的方式来展示误差函数。

$$J(\theta) = \frac{1}{2m}(X\theta - y)^{\mathrm{T}}(X\theta - y)$$

矩阵的标准线性回归方程

这里 J 是代价函数，它的解如下。

$$\theta = (X^{\mathrm{T}}X)^{-1}X^{\mathrm{T}}y$$

矩阵线性回归方程的解

分析方法的优点与缺点

使用线性代数方法来计算最小误差解的方法比较简单，因为可以根据数据给出一个非常简单的确定性表示，所以在应用了这些操作之后，不需要额外的猜测。

但这个方法也存在以下一些问题。

- 矩阵求逆和乘法运算的运算量比较大，它们的复杂度下界约为 $O(n^2)\sim O(n^3)$，因此，当样本数量增加时，这个问题就会变得比较棘手。

- 考虑到实现，此方法的准确度也有限，因为一般情况下，当前可以使用的硬件的浮点容量有限制。

4.2.3　协方差和相关性

接下来介绍一种新的方法来估计回归直线的系数，在这个过程中，将会学习额外的统计措施，例如协方差和相关性，这也将有助于分析一个数据集，并得出初步的结论。

1．协方差

协方差是一个统计术语，它的规范定义如下。

一种度量一对随机变量之间的系统关系的方法，其中一个变量的变化与另一个变量的等价变化相互作用。

协方差可以取$-\infty \sim +\infty$之间的任意值，其中负值表示负关系，正值表示正关系。它还确定了变量之间的线性关系。

因此，当该值为 0 时，表示不存在直接的线性关系，且该值趋向于形成类似于 blob 的分布。

协方差不受测度单位的影响，即在改变单位时，两个变量之间的关系强度没有变化。然而，协方差的值会改变。它有以下公式，需要每个轴的均值。

$$\text{cov}(x_i, y) = \frac{1}{n} \sum (x_i - \overline{x}_i)(y - \overline{y})$$

2．相关性

还记得描述变量归一化的过程吗？用下面的公式，通过减去均值并根据数据集的标准偏差对变量进行缩放。

$$x = \frac{x - \overline{x}}{\sigma}$$

数据归一化操作的解析形式

这是分析的起点，接下来将把它扩展到每条轴，并使用相关值。

相关值决定了两个或多个随机变量连续移动的程度。在两个变量的研究中，如果观察到一个变量的运动与另一个变量的等效运动一致，则称这些变量是相关的，精确的相关值的计算公式如下。

$$r = \frac{1}{n} \frac{\sum (x_i - \overline{x})(y - \overline{y})}{\sigma_{x_i} \sigma_y}$$

相关性的标准定义

作为一个基于数值的度量标准，它可以有两种类型——正或负。当两个变量向同一个方向移动时，变量之间存在正相关或直接相关的关系。当两个变量朝相反的方向移动时，相关性为负。

相关性的取值范围为−1~+1，数值趋近+1 表示强烈的正相关，数值趋近−1 则表示强烈的负相关。图 4.3 描述了样本分布是如何影响相关值的。

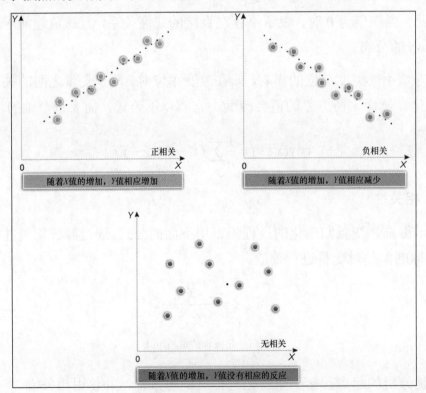

图 4.3   样本分布影响相关值

还有其他度量相关性的方法。在本书中,将主要讨论线性相关。还有其他研究非线性相关的方法,本书中不会涉及,线性相关和非线性相关测度之间的差异如图 4.4 所示。

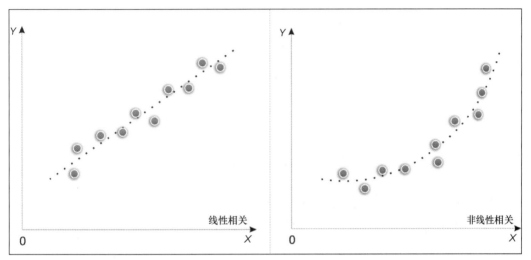

图 4.4 线性相关和非线性相关测度之间的差异

说明

通过本章的实践练习,读者将会学到线性协方差和相关性的实现方法。

4.2.4 寻找协方差和相关性的斜率和截距

正如开始就知道的,我们需要找到一条直线的方程,来表示潜在的数据关系,该直线用下面的形式表示。

$$\hat{y} = \hat{\beta}x + \hat{\alpha}$$

线性方程的近似定义

这条线经过所有数据点的平均值,因此,可以估计截距,唯一未知的是估计斜率。

$$\hat{\alpha} = \overline{y} - \hat{\beta}\overline{x}$$

截距的导出定义

斜率表示因变量的变化除以自变量的变化。在这种情况下，处理的是数据的变化，而不是坐标之间的绝对差异。

由于数据具有非均匀性，因此将斜率定义为与因变量同时变化的自变量中方差的比例。

$$\hat{\beta} = \frac{Cov(x, y)}{Var(x)}$$

估计斜率系数

如果数据在绘制时看起来像一个圆形的云，斜率将变成零，这表明 x 和 y 的变化之间没有因果关系，用下面的形式表示。

$$\hat{\beta} = \frac{\sum_{i=1}^{n}(x_i - \overline{x})(y_i - \overline{y})}{\sum_{i=1}^{n}(x_i - \overline{x})^2}$$

估计斜率系数的扩展形式

应用前面给出的公式，最终可以用下面的表达式表示估计的回归线斜率。

斜率系数的最终形式为 $r_{xy}\dfrac{S_y}{S_x}$.

这里，S_y 是 y 的标准差，S_x 是 x 的标准差。

借助方程中剩余的元素的帮助，可以简单地根据直线到达数据集平均点推导出截距。

$$a = \overline{Y} - b\overline{X}$$

近似截距系数的最终形式

至此，已经完成了两个初步回归的非常概括的表达，这也留下了许多分析元素供使用。现在该介绍当前机器学习方法的重点了，作为一个实践者，用户肯定会在很多项目中用到它，该方法叫作梯度下降法。

4.2.5　梯度下降法

现在讨论一下现代机器学习核心的方法。这里讨论的方法将以类似的方式与许多更复杂的模型一起使用，增加了难度，但遵循相同的原则。

1．背景知识

介绍梯度下降法前，首先看一下目标——将直线函数拟合到一组提供的数据中。元素是什么？

- 一个模型函数。

- 一个误差函数。

可以得到的另一个元素是参数组合中所有可能的误差的表示，但这仅仅是一个简单的直线作为解的函数的样子。图 4.5 所示的这条曲线表示 $z=x^2+y^2$，它遵循最小二乘误差函数的形式。

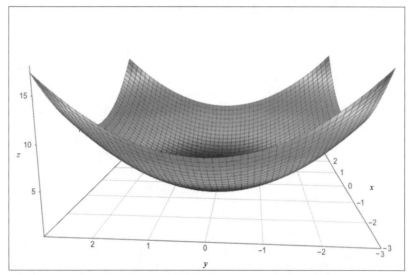

图 4.5　在两个变量的情况下，最小二乘误差曲面。在线性回归中，它们是斜率和焦点

正如看到的那样, 计算每行参数的所有可能结果将占用太多的 CPU 时间。但是有一个优势: 已经知道了这样一个曲线的表面是凸的 (这超出了本书的讨论范围), 所以它看起来像一个碗, 它有一个唯一的最小值 (如前一个文件夹所示)。这就省去了定位局部点的麻烦, 这些点看起来像最小值, 但实际上只是表面的凸起。

2. 梯度下降循环

接下来寻找一种方法来收敛到函数的最小值, 现在只知道在曲面上的位置, 也可能知道所处曲面上点的梯度。

- 从一个随机的位置开始 (现在对表面还一无所知)。
- 寻找最大变化方向 (由于函数是凸的, 它将给出最小值的方向)。
- 沿着这个方向, 与误差量成比例地越过误差曲面。
- 调整下一个步骤的起点到着陆的表面的新点, 重复这个过程。

与暴力方法相比, 这种方法允许以迭代的方式, 在有限的时间内, 发现最小化的路径。

两个参数的最小二乘函数的过程如图 4.6 所示。

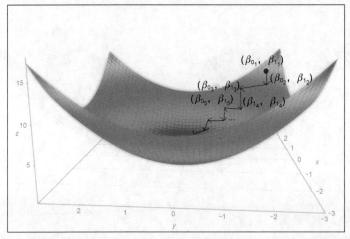

图 4.6　梯度下降算法的描述, 从一个高误差点开始, 以最大变化方向下降

从图 4.6 可以了解到，当选择使用合适的初始参数时，函数在正常设置下是如何工作的。

说明

在接下来的章节中，将更详细地介绍梯度下降的过程，包括选择不同的元素（称之为超参数）如何改变过程的行为。

形式化的概念

现在来复习一下这个过程的数学知识，在实际使用之前，先介绍涉及的相关元素，具体如下。

● 线性方程变量 β_0 和 β_1。

● 样本集中的样本数量 m。

● 样本集中的不同元素 $x^{(i)}$ 和 $y^{(i)}$。

从误差函数 J 开始，它是在前面章节中定义的最小二乘函数。为了实用起见，将在方程的前面加上 $1/(2m)$，如下所示。

$$J(\beta_0, \beta_1) = \frac{1}{2m}\sum_{i=1}^{m}((\beta_0 + \beta_1 x^{(i)}) - y^{(i)})^2$$

最小二乘误差函数

这里介绍一个新的操作，是接下来工作的基础，即求梯度。

根据以下内容对它的概念进行说明。

● 一个或多个自变量的函数。

● 函数对所有自变量的偏导数。

现在已经了解偏导数是如何工作的。梯度是一个包含所有已经提到的偏导数的向量，在这个案例中表示如下。

$$\nabla J(\beta_0, \beta_1) = \begin{bmatrix} \left(\dfrac{\partial J}{\partial \beta_0} \right) \\[3mm] \left(\dfrac{\partial J}{\partial \beta_1} \right) \end{bmatrix}$$

误差函数的梯度

这个操作的目的是什么呢？如果能够计算出梯度，则它将会指出整个函数在某一个点上的变化方向。

首先，计算偏导数，可以尝试着推导。基本上，它使用了推导平方表达式的链式法则，然后与原表达式相乘。

在方程的第二部分中，通过模型函数 h_a 的名称来简化线性函数。

$$\frac{\partial J}{\partial \beta_0} = \frac{1}{m} \sum_{i=1}^{m} ((\beta_0 + \beta_1 x^{(i)}) - y^{(i)}) = \frac{1}{m} \sum_{i=1}^{m} (h_a(x^{(i)}) - y^{(i)})$$

误差函数对 β_0 变量的偏导数

对于 β_1 得到的附加因子 $x^{(i)}$，是因为 $\beta_1 x^{(i)}$ 对 β_1 的导数是 $x^{(i)}$。

$$\frac{\partial J}{\partial \beta_1} = \frac{1}{m} \sum_{i=1}^{m} ((\beta_0 + \beta_1 x^{(i)}) - y^{(i)}) x^{(i)} = \frac{1}{m} \sum_{i=1}^{m} (h_a(x^{(i)}) - y^{(i)}) x^{(i)}$$

误差函数对 β_1 变量的偏导数

现在引入递归表达式，它将提供（在迭代和满足条件时）以收敛方式减少总误差的参数组合。

这里引入一个非常重要的元素：步长，用 α 表示。它的作用是什么呢？它表示在一步中前进了多少。可以发现，没有选择正确的权重数值可能会导致灾难性的后果，包括误差函数结果的发散。

注意，下面第二个公式只有与当前 x 值相乘的微小差异。

$$(\beta_0)_{k+1} \leftarrow (\beta_0)_k - \alpha \frac{1}{m} \sum_{i=1}^{m} (h_a(x^{(i)}) - y^{(i)})$$

$$(\beta_1)_{k+1} \leftarrow (\beta_1)_k - \alpha \frac{1}{m} \sum_{i=1}^{m} (h_a(x^{(i)}) - y^{(i)})x^{(i)}$$

模型方程的递归表达式

下面开始添加一些数学元素，以产生一个更紧凑的算法表示。现在我们用向量的形式表示未知数，这样，所有的表达式都将作为一个整体来表示。

$$\beta = \begin{bmatrix} \beta_0 \\ \beta_1 \end{bmatrix}$$

β 的向量表示

这样，递归步骤可以用这个简单而易于记忆的表达式来表示。

$$\beta_{k+1} \leftarrow \beta_k - \alpha \nabla J(\beta_k)$$

梯度下降递归的向量表达式

4.2.6 递归过程表示

求最小误差的整个方法也可以用流程图来表示，如图 4.7 所示。这样就可以把所有的元素都放在同一个地方，如果暂时不考虑复杂的分析机制，它看起来是十分容易的。

在图 4.7 中，注意简单的构建模块，不要考虑其中涉及的微妙数学。

描述了关于梯度下降过程的最后一个程序化的观点，我们准备继续本章的实践部分。希望读者喜欢这段寻找问题答案的旅程：用简单的方式表示数据的最佳方式是什么？接下来的部分将介绍更强大的工具。

1. 实践——新工具和新方法

在本节将介绍一个新的库，这个库可以用来帮助处理协方差和相关性，特别是在数据可视化领域。

图 4.7　梯度下降法

Seaborn 是什么

Seaborn 是一个用 Python 编写的具有吸引力和信息丰富的统计图形的库。此外，它还提供了非常有用的多元分析原语，这将帮助决定是否以及如何将确定性回归分析应用到数据。

Seaborn 提供的一些特性如下。

● 几个非常高质量的内置主题。

● 用于选择颜色调色板以绘制显示数据模式的图表工具。

● 提供了非常重要的函数，用于可视化单变量和双变量分布或比较数据子集。

● 适用于各种自变量和因变量的线性回归模型的工具和可视化工具。

● 绘制函数，当用最小的参数集调用时，这些函数试图做一些有用的事情；通过附加参数公开了许多可定制的选项。

一个重要的附加特性是，由于 Seaborn 使用 Matplotlib，因此可以使用这些工具进一步调整图形，并使用任何 Matplotlib 后端进行渲染。

2．Pairplot——用于变量探索的图表

在数据研究阶段，一个非常有效的方式是图形化描述数据集中所有特征如何交互，并以直观的方式发现其中的变化，图 4.8 所示为鸢尾花数据集中变量的 Pairplot 图。

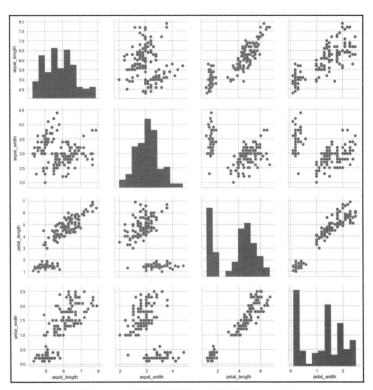

图 4.8　鸢尾花数据集中变量的 Pairplot 图

3．相关性图表

相关性图表允许以更简洁的方式总结变量的依赖关系，因为它使用一个彩色托盘显示变量对之间的直接关联。对角线上的值是 1，因为所有的变量都与

其自身有最大的相关性。图 4.9 描述了旧金山住房数据集的相关性。

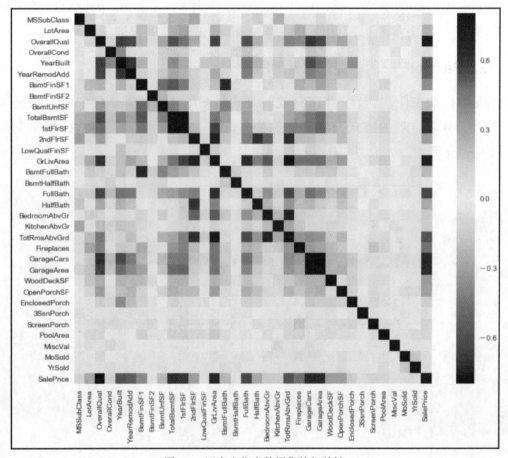

图 4.9　旧金山住房数据集的相关性

4.3　实践中的数据研究和线性回归

在本节中，将使用最著名的玩具数据集之一，选择其中一个维度来学习如何为其值构建线性回归模型。从导入所有库开始（scikit-learn、seaborn 和 matplotlib），seaborn 的优秀特性之一是能够定义非常专业的样式设置。在本例中，将使用 whitegrid 样式。

```
import numpy as np from sklearn import datasets import seaborn.apionly as
sns %matplotlib inline import matplotlib.pyplot as plt
sns.set(style='whitegrid', context='notebook')
```

4.3.1 鸢尾花数据集

现在导入鸢尾花数据集，这是一个著名的数据集，读者可以在许多出版物中看到它。数据具有良好的性质，这对于分类和回归案例是很有用的。鸢尾花数据集包含了 3 种鸢尾花，每种有 50 条记录，总共有超过 5 个字段的 150 行记录。每一行都是以下内容的度量。

- 花萼长度（单位：cm）。

- 花萼宽度（单位：cm）。

- 花瓣长度（单位：cm）。

- 花瓣宽度（单位：cm）。

最后一个字段是花的类型（山鸢尾、变色鸢尾或弗吉尼亚鸢尾）。使用 load_dataset 方法从数据集中创建一个数值矩阵。

```
iris2 = sns.load_dataset('iris')
```

为了理解变量之间的依赖关系，将实现协方差操作。该操作将接收两个数组作为参数，并返回协方差(x,y)值。

```
def covariance (X, Y):
    xhat=np.mean(X)
    yhat=np.mean(Y)
    epsilon=0
    for x,y in zip (X,Y):
        epsilon=epsilon+(x-xhat)*(y-yhat)
    return epsilon/(len(X)-1)
```

尝试自己实现函数，并将其与 NumPy 函数进行比较。注意，我们计算了 cov(a,b)，NumPy 生成了一个包含所有 cov(a,a) 和 cov(a,b) 组合的矩阵，所以结果应该等于这个矩阵的 (1,0) 和 (0,1) 的值。

```
print (covariance ([1,3,4], [1,0,2]))
```

```
print (np.cov([1,3,4], [1,0,2]))

0.5
[[ 2.33333333  0.5       ]
 [ 0.5         1.        ]]
```

对前面定义的相关函数进行了最少的测试之后，接收两个数组（如协方差），并使用它们获得最终值。

```
def correlation (X, Y):
    return (covariance(X,Y)/(np.std(X, ddof=1)*np.std(Y, ddof=1))) ##We
have to indicate ddof=1 the unbiased std
```

下面用两个样本数组来测试这个函数，并将其与 NumPy 中的相关矩阵的 $(0,1)$ 和 $(1,0)$ 值进行比较。

```
print (correlation ([1,1,4,3], [1,0,2,2]))
print (np.corrcoef ([1,1,4,3], [1,0,2,2]))

0.870388279778
[[ 1.          0.87038828]
 [ 0.87038828  1.        ]]
```

1. 使用 Seaborn 的 Pairplot 得到直观的想法

在开始处理问题时，也许想要得到所有可能的变量组合的图像表示。

Seaborn 的 `Pairplot` 的函数提供了所有变量对（表示为散点图）的完整图形摘要，并表示了对矩阵对角线的单变量分布。

下面一起看一下如图 4.10 所示的绘图函数如何显示所有变量的依赖关系，并尝试寻找一个线性关系作为测试回归方法的基础。

```
sns.pairplot(iris2, size=3.0)
<seaborn.axisgrid.PairGrid at 0x7f8a2a30e828>
```

从最初的分析中选择两个变量，它们具有线性相关的性质。它们是花瓣宽度和花瓣长度，代码如下。

```
X=iris2['petal_width']
Y=iris2['petal_length']
```

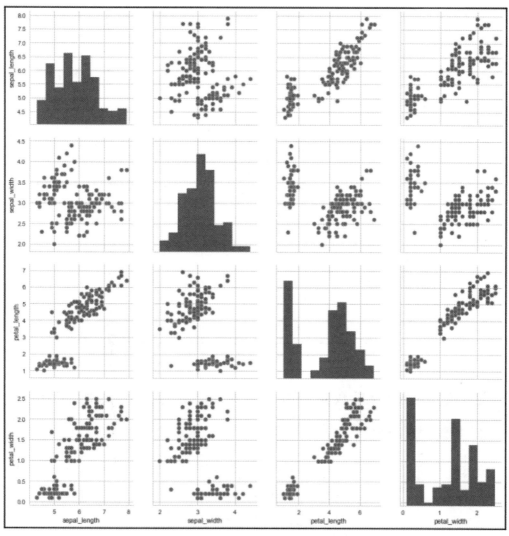

图 4.10 对数据库中所有变量的绘图

如下的代码表示这个变量组合，它显示了一个明显的线性趋势。

```
plt.scatter(X,Y)
```

图 4.11 以散点图的方式表示所选变量。

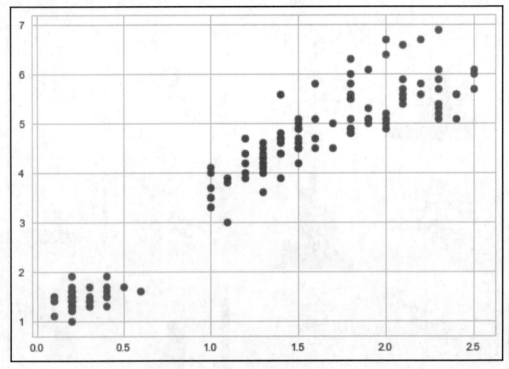

图 4.11　所选变量的散点类型图

这是鸢尾花数据集的数据分布，接下来将尝试用线性预测函数来建模。

2．构建预测函数

首先，定义一个函数，它将抽象地表示以线性函数形式表示的模型数据，函数形式为：$y=\text{beta}\times x+\text{alpha}$，代码如下。

```
def predict(alpha, beta, x_i):
    return beta * x_i + alpha
```

3．定义误差函数

接下来定义函数，它将展示在训练期间的预测和预期输出之间的差异。正如将在下一章深入解释的那样，这里有两个主要的选择：测量值之间的绝对差（或 L1），或测量差的平方的变体（或 L2）。定义两个版本，包括第二个版本中的第一个公式，代码如下。

```
def error(alpha, beta, x_i, y_i): #L1
    return y_i - predict(alpha, beta, x_i)

def sum_sq_e(alpha, beta, x, y): #L2
    return sum(error(alpha, beta, x_i, y_i) ** 2
            for x_i, y_i in zip(x, y))
```

4．相关匹配

接下来定义一个实现相关方法的函数查找回归的函数，代码如下。

```
def correlation_fit(x, y):
    beta = correlation(x, y) * np.std(y, ddof=1) / np.std(x,ddof=1)
    alpha = np.mean(y) - beta * np.mean(x)
    return alpha, beta
```

运行这个匹配函数并打印出预测的参数。

```
alpha, beta = correlation_fit(X, Y)
print(alpha)
print(beta)

1.08355803285
2.22994049512
```

现在，用数据画出回归直线，以便直观地展示解决方案的适当性。

```
plt.scatter(X,Y)
xr=np.arange(0,3.5)
plt.plot(xr,(xr*beta)+alpha)
```

图 4.12 表示最终计算的斜率和截距。

5．多项式回归和欠拟合和过拟合

在寻找模型时,寻找的主要特征之一是使用简单的函数表达式进行泛化的能力。当增加模型的复杂性时，可能正在构建一个模型，该模型适合于训练数据，但对于特定的数据子集来说会过于优化。

另外，欠拟合则指模型过于简单的情况，例如这种情况，可以用简单的线性模型很好地表示出来。

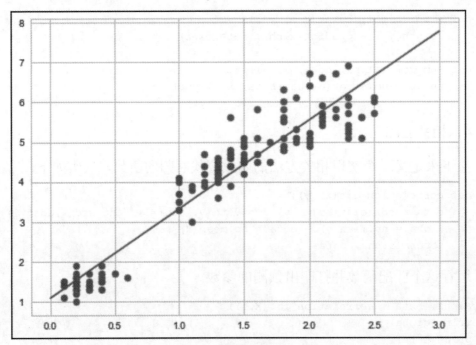

图 4.12 最后的回归线

在下面的示例中，将处理与前面相同的问题，使用 scikit learn 库搜索高阶多项式来适应越来越复杂的数据。

超出二次函数的正常阈值后，将看到该函数如何拟合数据中的每一个变化，但当进行预测时，超出正常范围的值显然不符合要求。

```
from sklearn.linear_model import Ridge
from sklearn.preprocessing import PolynomialFeatures
from sklearn.pipeline import make_pipeline

ix=iris2['petal_width']
iy=iris2['petal_length']

# generate points used to represent the fitted function
x_plot = np.linspace(0, 2.6, 100)

# create matrix versions of these arrays
X = ix[:, np.newaxis]
X_plot = x_plot[:, np.newaxis]
```

```
plt.scatter(ix, iy, s=30, marker='o', label="training points")

for count, degree in enumerate([3, 6, 20]):
    model = make_pipeline(PolynomialFeatures(degree), Ridge())
    model.fit(X, iy)
    y_plot = model.predict(X_plot)
    plt.plot(x_plot, y_plot, label="degree %d" % degree)

plt.legend(loc='upper left')
plt.show()
```

图 4.13 显示了不同多项式系数如何以不同的方式描述整体数据。可以看出，最高次幂为 20 的多项式完美地适应训练过的数据集，并且在已知值之后，它的发散几乎是惊人的，这与为未来数据推广的目标背道而驰。

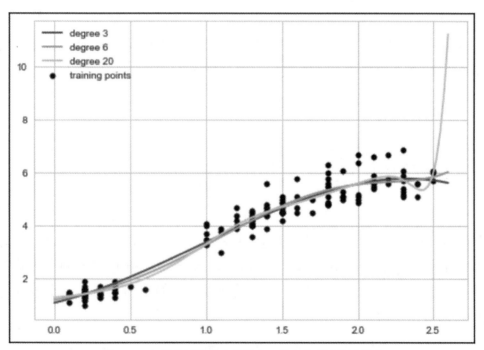

图 4.13　初始数据集的曲线拟合，带有多项式的递增值

4.3.2　线性回归与梯度下降

接下来将实际使用梯度下降法，这部分概念有助于理解本书的其余内容。

从导入必备库开始，将使用 NumPy 进行数值处理，并使用 Seaborn 的 Matplotlib 进行表示。

```
import numpy as np
import seaborn as sns
%matplotlib inline
import matplotlib.pyplot as plt
sns.set(style='whitegrid', context='notebook')
```

损失函数将反映模型训练的效果，现在使用最小二乘法作为损失函数。

说明

现在可以回顾 J 或 loss 函数的定义和属性。

因此，这个最小二乘函数将接收到当前的回归线参数 b_0 和 b_1，通过这个函数可以衡量当前直线对现实数据的拟合程度。

```
def least_squares(b0, b1, points):
    totalError = 0
    N=float(len(points))
    for x,y in points:
        totalError += (y - (b1 * x + b0)) ** 2
    return totalError / 2.*N
```

在这里，将定义递归的每一步。作为参数，会得到当前的 b_0 和 b_2，用于训练模型的点以及学习率。在 step_gradient 函数的第 5 行，可以看到两个梯度的计算，然后创建 new_b0 和 new_b1 变量，在错误方向上更新它们的值，按学习率缩放。在最后一行，返回更新后的值和当前的错误级别，所有的点都被用于梯度。

```
def step_gradient(b0_current, b1_current, points, learningRate):
    b0_gradient = 0
    b1_gradient = 0
    N = float(len(points))
    for x,y in points:
        b0_gradient += (1/N) * (y - ((b1_current * x) + b0_current))
        b1_gradient += (1/N) * x * (y - ((b1_current * x) + b0_current))
```

```
new_b0 = b0_current + (learningRate * b0_gradient)
new_b1 = b1_current + (learningRate * b1_gradient)
return [new_b0, new_b1, least_squares(new_b0, new_b1, points)]
```

定义一个函数，它将在模型外运行一个完整的训练，这样就可以在一个地方检查所有的参数组合。此函数将初始化参数，并将重复梯度步骤固定的次数。

```
def run_gradient_descent(points, starting_b0, starting_b1, learning_rate,
num_iterations):
    b0 = starting_b0
    b1 = starting_b1
    slope=[]
    intersect=[]
    error=[]
    for i in range(num_iterations):
        b0, b1 , e= step_gradient(b0, b1, np.array(points), learning_rate)
        slope.append(b1)
        intersect.append(b0)
        error.append(e)
    return [b0, b1, e, slope, intersect,error]
```

说明

当收敛率很高时，这个过程可能被证明是低效的，浪费宝贵的 CPU 迭代。更聪明的方法是，将误差阈值添加到判断条件中，一旦达到可接受的范围就停止迭代。

接下来可以训练模型了，重新加载鸢尾花数据集，以供参考，并作为检查结果正确性的一种方法。现在将使用花瓣宽度和花瓣长度参数，NumPy 的 dstack 命令可以合并这两个列，将这两个列转换为一个列表以丢弃列标题。需要注意的是，结果列表有一个未使用的额外维度，使用[0]索引丢弃它。

```
iris = sns.load_dataset('iris')
X=iris['petal_width'].tolist()
Y=iris['petal_length'].tolist()
points=np.dstack((X,Y))[0]
```

接下来需要选择初始参数，其中学习率设为 0.000 1，初始参数设为 0，迭代设为 1 000 次，来看一看模型的行为。

```
learning_rate = 0.0001
initial_b0 = 0
initial_b1 = 0
num_iterations = 1000
[b0, b1, e, slope, intersect, error] = run_gradient_descent(points,
initial_b0, initial_b1, learning_rate, num_iterations)

plt.figure(figsize=(7,5))
plt.scatter(X,Y)
xr=np.arange(0,3.5)
plt.plot(xr,(xr*b1)+b0);
plt.title('Regression, alpha=0.001, initial values=(0,0), it=1000');
```

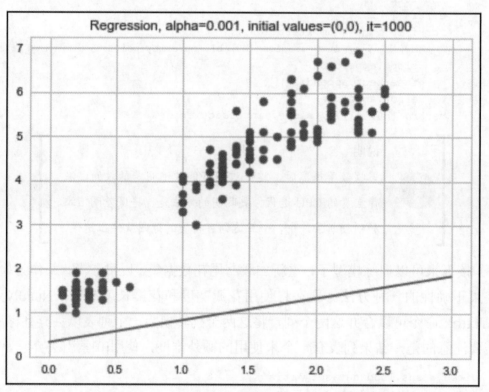

图 4.14　预测结果 1

由图 4.14 可以看出，这个结果很明显还没有达到目标，来看一下在训练过程中发生了什么。

```
plt.figure(figsize=(7,5))
xr=np.arange(0,1000)
plt.plot(xr,np.array(error).transpose());
plt.title('Error for 1000 iterations');
```

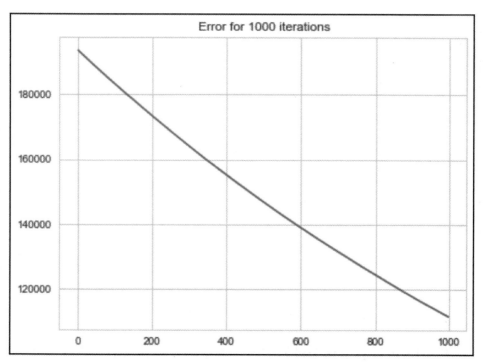

图 4.15　迭代 1 000 次的错误曲线

由图 4.15 可以看出，这个过程似乎是有效的，但是效果并不明显。也许可以把步长增加 10 倍，看一看它是否收敛得更快，来验证一下。

```
learning_rate = 0.001 #Last one was 0.0001
initial_b0 = 0
initial_b1 = 0
num_iterations = 1000
[b0, b1, e, slope, intersect, error] = run_gradient_descent(points,
initial_b0, initial_b1, learning_rate, num_iterations)
plt.figure(figsize=(7,5))
xr=np.arange(0,1000)
plt.plot(xr,np.array(error).transpose());
plt.title('Error for 1000 iterations, increased step by tenfold');
```

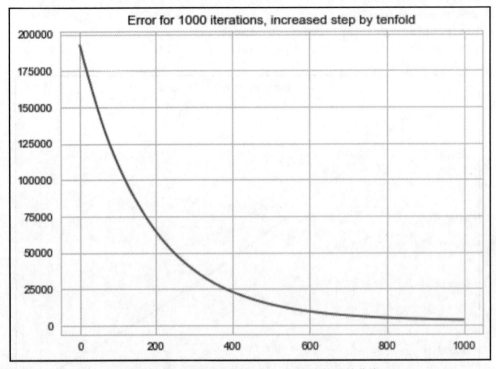

图 4.16　步长增加 10 倍，迭代 1 000 次的误差曲线

由图 4.16 可以看出这个过程的收敛快很多。现在来看一看这条折回线的样子。

```
plt.figure(figsize=(7,5))
plt.scatter(X,Y)
xr=np.arange(0,3.5)
plt.plot(xr,(xr*b1)+b0);
plt.title('Regression, alpha=0.01, initial values=(0,0), it=1000');
```

根据图 4.17 的结果可以认为模型已训练完成，但是开发人员总是希望收敛能够更快。来看一看如果这样做会产生什么效果。

```
learning_rate = 0.85 #LAst one was 0.0001
initial_b0 = 0
initial_b1 = 0
num_iterations = 1000
[b0, b1, e, slope, intersect, error] = run_gradient_descent(points,
```

```
initial_b0, initial_b1, learning_rate, num_iterations)
plt.figure(figsize=(7,5))
xr=np.arange(0,1000)
plt.plot(xr,np.array(error).transpose());
plt.title('Error for 1000 iterations, big step');
```

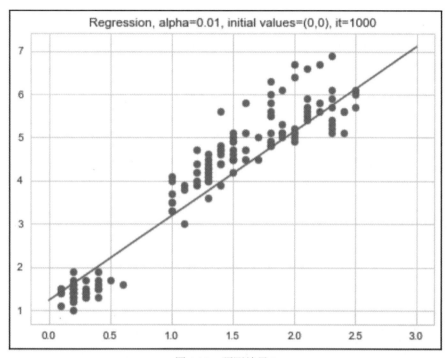

图 4.17　预测结果 2

从图 4.18 可以看出，误差最终趋于正无穷。这里发生了什么？简单地说，采用的步骤太过激进了，以至于并不是沿着碗型曲面的切线慢慢下降，而是在曲面表面上跳跃，随着迭代的推进，开始在没有控制的情况下升级累计的错误。可以采取的另一项措施是改进种子值，图中将初始值设为 0，这通常是一个非常糟糕的方式，尤其是在处理未规范化的数据时。因此，可以尝试在伪随机位置上初始化参数，看一看会发生什么。

```
learning_rate = 0.001 #Same as last time
initial_b0 = 0.8 #pseudo random value
initial_b1 = 1.5 #pseudo random value
num_iterations = 1000
```

```
[b0, b1, e, slope, intersect, error] = run_gradient_descent(points,
initial_b0, initial_b1, learning_rate, num_iterations)
plt.figure(figsize=(7,5))
xr=np.arange(0,1000)
plt.plot(xr,np.array(error).transpose());
plt.title('Error for 1000 iterations, step 0.001, random initial parameter
values');
```

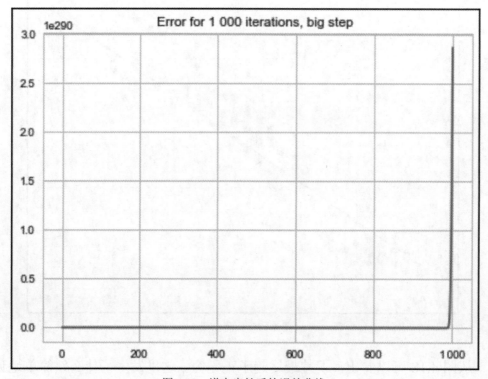

图 4.18　增大步长后的误差曲线

　　如图 4.19 所示，即使步长相同，初始错误率也会降低 10 倍（从 2e5 降低到 2e4）。现在尝试最后一种方法，基于输入值的规范化来改进参数的收敛性。正如第 2 章所述，学习过程包括对数据的定心和缩放。这个操作对数据有什么影响？使用图形图像，当数据未归一化时，误差面趋向于较浅，值的振荡很大。归一化将数据转换为更深层的表面，有更明确的梯度。

```
learning_rate = 0.001 #Same as last time
initial_b0 = 0.8 #pseudo random value
```

```
initial_b1 = 1.5 #pseudo random value
num_iterations = 1000
x_mean =np.mean(points[:,0])
y_mean = np.mean(points[:,1])
x_std = np.std(points[:,0])
y_std = np.std(points[:,1])
X_normalized = (points[:,0] - x_mean)/x_std
Y_normalized = (points[:,1] - y_mean)/y_std

plt.figure(figsize=(7,5))
plt.scatter(X_normalized,Y_normalized)
```

```
<matplotlib.collections.PathCollection at 0x7f9cad8f4240>
```

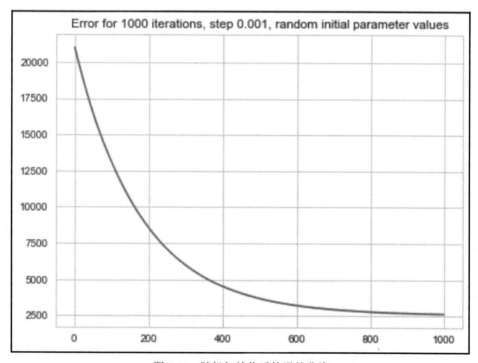

图 4.19　随机初始化后的误差曲线

　　如图 4.20 所示，已经有了一组干净整洁的数据，再次尝试使用最后一个慢收敛参数，看一看误差最小化的速度会发生什么变化。

```
points=np.dstack((X_normalized,Y_normalized))[0]
learning_rate = 0.001 #Same as last time
```

```
initial_b0 = 0.8 #pseudo random value
initial_b1 = 1.5 #pseudo random value
num_iterations = 1000
[b0, b1, e, slope, intersect, error] = run_gradient_descent(points,
initial_b0, initial_b1, learning_rate, num_iterations)
plt.figure(figsize=(7,5))
xr=np.arange(0,1000)
plt.plot(xr,np.array(error).transpose());
plt.title('Error for 1000 iterations, step 0.001, random initial parameter
values, normalized initial values');
```

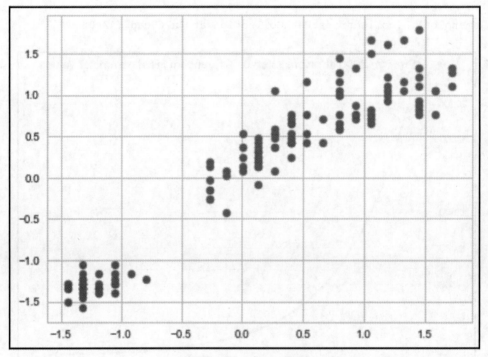

图 4.20　归一化后的数据

  如图 4.21 所示，通过对数据进行归一化，初始错误值变为了原来的一半，在 1 000 次迭代之后，错误减少了 20%。记住，在得到结果之后要去归一化，这样才能有初始的规模和数据中心。这就是梯度下降法。

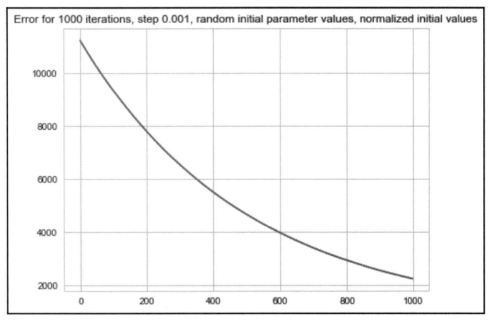

图 4.21 数据归一化后的误差曲线

4.4 逻辑回归

在回顾了线性回归（它主要用于根据建模的线性函数预测实际值）之后，接下来将对其进行扩展，从先前拟合的线性函数开始分离二进制结果（表明样本属于某个类）。在本书接下来的章节中都会用到该技术。

4.4.1 线性回归和逻辑回归

为了直观地理解逻辑回归，将使用图形来表示。

图 4.22 左侧描述了线性拟合函数，这是整个模型构建过程的主要目标，在底部是目标数据分布。数据现在是二进制的，被回归直线划分成两半。右半部分是逻辑回归，它是一种新的模型函数，稍后会研究其特性。

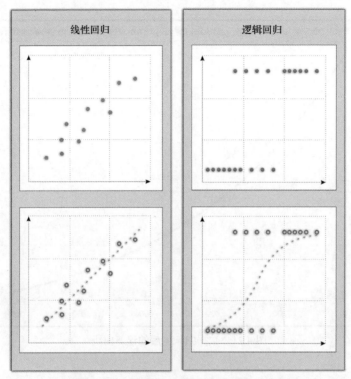

图 4.22　线性回归和逻辑回归的数据分布

综上所述，线性回归可以想象为价值不断增长的连续体。而逻辑回归可以根据 x 值的输出得到两个不同的值。在特定情况下，如图 4.22 所示，可以看到输出结果一个明确的趋势。随着自变量的增加，sigmoid 函数允许两种结果之间平滑地转换，没有清晰的分离区间，在估计概率时也不会发生重叠。

在某种程度上，逻辑回归这个术语有点令人困惑，因为我们在建立一个回归模型时就应该得到一个连续的值，但实际上，最终的目标是为一个离散变量的分类问题建立一个预测模型。

这里的关键是要理解，我们得到的是与类相关的样本的概率，而不是完全离散的值。

1．逻辑函数的前身——logit 函数

在学习逻辑函数之前，先复习一下它所基于的原始函数——logit 函数，该

函数赋予了它更一般的属性。

本质上，当讨论 logit 函数时，是在处理一个随机变量 p 的函数，更具体地说，与伯努利分布相对应。

2. 连结函数

当试图建立一个广义线性模型时，希望从线性函数开始，由因变量得到一个到概率分布的映射。

由于模型的输出类型是二元的，因此通常选择的分布是伯努利分布，而逻辑函数的连结函数倾向于使用 logit 函数。

4.4.2 logit 函数

可以利用的一个可能的变量是概率的自然对数，p 等于 1。这个函数叫作 logit 函数。

$$\mathrm{logit}(p) = \log\left(\frac{p}{1-p}\right)$$

logit 函数也可以称作 log-odd 函数，因为我们计算的是概率 p 的对数 $p/(1-p)$。

1. logit 函数的性质

可以直观地推断，如果用自变量的组合替换 x，则不管它们的值是多少，都可以用从负无穷到正无穷替换 x，结果将相应压缩在 0～1。图 4.23 描述了 logit 函数的主要范围特征。

2. logit 逆函数的重要性

假设计算 logit 函数的逆函数，则对 logit 进行简单逆变换得到如下表达式。

$$\mathrm{logit}^{-1}(\alpha) = \mathrm{logistic}(\alpha)\frac{1}{1+\exp(-\alpha)} = \frac{\exp(\alpha)}{\exp(\alpha)+1}$$

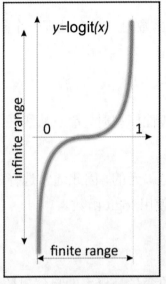

图 4.23　logit 函数的主要范围特征

这个函数和 sigmoid 函数一样重要。

3. sigmoid（逻辑）函数

逻辑函数表示在回归任务中的二进制的分类选项。逻辑函数定义如下（为了清晰起见，将自变量由 α 改为 t）。

$$\sigma(t) = \frac{e^t}{e^t + 1} = \frac{1}{1 + e^{-t}}$$

图 4.24 所示的曲线很常见，因为它将被频繁地用作神经网络和其他应用程序的激活函数。

如何解释这个函数并为建模任务赋予意义？这个方程的常规解释是，t 表示一个简单的独立变量，现在改进这个模型，假设 t 是线性函数的一个解释变量 x（t 是多个解释变量的线性组合，这种情况也被同样对待），表达如下。

$$t = \beta_0 + \beta_1 x$$

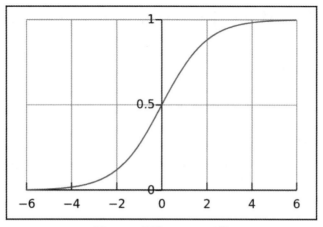

图 4.24　标准 sigmoid 函数

可以从原来的 logit 函数开始。

$$\text{logit}(p) = \ln\left(\frac{p}{1-p}\right) = \beta_0 + b_1 x$$

将会得到回归方程，它将用下面的公式给出回归概率。

$$\hat{p} = \frac{e^{\beta_0 + \beta_1 x_1}}{1 + e^{\beta_0 + \beta_1 x_1}}$$

注意，$\hat{p}$ 表示估计的概率。

图 4.25 展示了如何从一个无限域映射可能的结果，最终将被缩减到[0, 1]的范围，p 是事件发生的概率。这是一种简单的模式，它是 logit 函数的结构和域转换（通过 sigmoid 将线性模型映射到概率模型）。

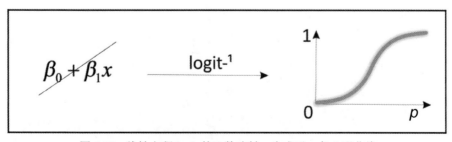

图 4.25　线性方程 logit 的函数映射，生成了一条 S 形曲线

改变 sigmoid 函数的中心斜率和位移的参数将会影响线性函数的参数，使其更精确地减少回归数值和真实数据之间的误差。

4．逻辑函数的特点

函数空间中的每一条曲线都可以用它可能适用的目标来描述。在逻辑函数的情况下，它们如下所示。

- 根据一个或多个自变量，建立事件 p 的概率模型。例如，根据先前的条件估计获奖的概率。

- 通过观察估计 p（这是回归部分），与未发生事件的可能性有关。

- 通过二元响应预测自变量变化的影响。

- 通过计算某项属于确定类别的概率对观察进行分类。

5．多分类应用——softmax 回归

到目前为止，一直是在只有两个类的情况下进行分类，或者在概率语言中，只是估计了事件发生的概率 p。这种逻辑回归也可以推广到很多类中。图 4.26 是单变量逻辑回归与 N 类 softmax 回归的比较。

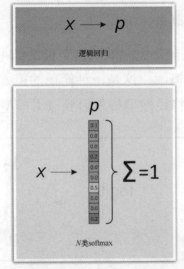

图 4.26　单变量逻辑回归与 N 类 softmax 回归的比较

正如前面看到的，在逻辑回归中，假设标签是二进制的 $y(i) \in \{0,1\}$，但是 softmax 回归允许我们处理 $y(i) \in \{1, \cdots, k\}$，其中 k 是类的数量，标签 y 可以接受 k 个不同的值，而不是只有两个。

给定一个测试输入 x，希望估计 $P(y=k|x)$ 对于每个 $k=1, \cdots, K$ 的值的概率。softmax 回归将使输出成为一个 K 维向量（其元素和为 1），从而得到 K 个估计概率。

4.4.3 应用逻辑回归建立心脏疾病模型的实例

现在我们将借助逻辑回归来解决一个实际的例子。在第一个练习中，将根据人口年龄来预测患冠心病的概率。

1. CHDAGE 数据集

对于第一个示例，将使用一个非常简单且经常被用作研究的数据集，该数据集发表在 Applied Logistic Regression 杂志上，该数据集由 David W. Hosmer、Jr. Stanley Lemeshow 和 Rodney X. Sturdivant 整理而成。在一项心脏病潜在危险因素的研究中，列出了 100 名受试者的年龄（以年为单位），以及是否存在重大冠心病（CHD）的证据。该表还包含一个标识符变量（ID）和一个年龄组变量（AGEGRP）。

结果变量是 CHD，其值为 0 表示 CHD 不存在，1 表示 CHD 存在于个体中。通常，可以使用任意两个值，但是发现使用 0 和 1 是最方便的。将此数据集称为 CHDAGE 数据集。

2. 数据集格式

CHDAGE 数据集是一个两列的 CSV 文件，我们将从外部存储库下载该文件。在第 1 章中，使用了本地的 TensorFlow 方法来读取数据集。本章将选择另一个比较流行的库来读取数据。由于数据集只有 100 个元组，因此只在一行中读取数据是可行的，而且可以从 Pandas 库中免费获得简单而强大的分析方法。

在这个项目的第一阶段，将开始加载 CHDAGE 数据集的实例。打印关于数据的重要统计数据，然后进行预处理。在绘制了一些数据图之后，将构建一个由激活函数组成的模型，它将是一个 softmax 函数，在特殊情况下，它将变成一个标准逻辑回归，即只有两个类（疾病的存在与否）。

从导入所需的库开始。

```
import numpy as np
import pandas as pd
from sklearn import datasets
from sklearn import linear_model
import seaborn.apionly as sns
%matplotlib inline
import matplotlib.pyplot as plt
sns.set(style='whitegrid', context='notebook')
```

使用 Pandas 的 read_csv 函数从原始文件中读取数据集，并使用 Matplotlib 的散点函数绘制数据分布。正如看到的，随着年龄的增长，心脏疾病的出现有一定的规律。

```
df = pd.read_csv("data/CHD.csv", header=0)
plt.figure() # Create a new figure
plt.axis ([0,70,-0.2,1.2])
plt.title('Original data')
plt.scatter(df['age'],df['chd']) #Plot a scatter draw of the random
datapoints
```

图 4.27 所示为原始数据。

现在，将使用 scikit-learn 中的 logistic 回归对象创建一个逻辑回归模型，然后调用 fit 函数，它将创建一个优化的 sigmoid，以最小化训练数据的预测误差。

```
logistic = linear_model.LogisticRegression(C=1e5)
logistic.fit(df['age'].reshape(100,1),df['chd'].reshape(100,1))

LogisticRegression(C=100000.0, class_weight=None, dual=False,
          fit_intercept=True, intercept_scaling=1, max_iter=100,
          multi_class='ovr', n_jobs=1, penalty='l2', random_state=None,
          solver='liblinear', tol=0.0001, verbose=0, warm_start=False)
```

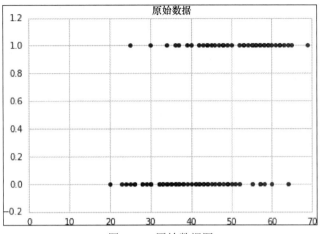

图 4.27　原始数据图

现在是展示成果的时候了。在这里，将生成一个从 10～90 岁的线性空间，从 10 年到 90 年，横坐标一共分为 100 个刻度。

对于定义域的每个样本，将显示发生（1）和不发生（0，或前一个的相反数）的概率。

此外，将显示预测以及原始数据点，这样就可以在一个图形中匹配所有元素，如图 4.28 所示。

```
x_plot = np.linspace(10, 90, 100)
oneprob=[]
zeroprob=[]
predict=[]
plt.figure(figsize=(10,10))
for i in x_plot:
    oneprob.append (logistic.predict_proba(i)[0][1]);
    zeroprob.append (logistic.predict_proba(i)[0][0]);
    predict.append (logistic.predict(i)[0]);

plt.plot(x_plot, oneprob);
plt.plot(x_plot, zeroprob)
plt.plot(x_plot, predict);
plt.scatter(df['age'],df['chd'])
```

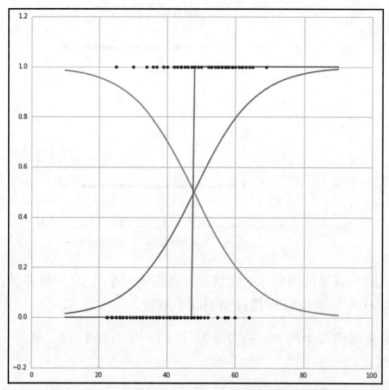

图 4.28　同时绘制原始数据分布、建模逻辑曲线及其逆函数

4.5　小结

本章讨论了使用简单明确的函数进行数据建模的主要方法。

第 5 章将使用更复杂的模型,这些模型可以达到更高的复杂度并处理更高级的抽象,对于最近出现的各种惊人的数据集非常有用,将从简单的前馈网络开始介绍。

第 5 章
神经网络

作为一名开发人员，读者肯定对机器学习产生了兴趣，因为每天都能在常用设备上看到许多难以置信的应用程序：自动语音翻译、图片风格转换、从样本中生成新图片等。我们正进入到使所有这些事情成为可能的技术领域。

根据前面的学习可知，线性模型和逻辑模型在处理训练数据集的复杂性方面具有一定的局限性，即使它们是众多有效解决方案的基础部分。

一个模型需要何种程度的复杂度才能捕捉到作者的写作风格、区分猫和狗的形象概念或根据视觉元素来进行植物分类呢？这些事物需要总结大量低层次和高层次的细节特征，在人们的大脑中可以通过专门的神经元集合来进行捕获处理，而在计算机科学中则是通过神经网络模型来完成的。

接下来本书将省去关于神经系统的介绍、性能、神经元的数量及其化学性质等部分，因为这些内容可能会使问题看上去更加晦涩难懂，本章将要介绍的模型仅仅是简单的带有计算公式的数学方程，这样，对算法感兴趣的读者能够更加容易地理解它们。

本章讨论的主题如下。

● 神经模型的历史，包括感知器和自适应线性神经单元。

● 神经网络以及它们能解决的几类问题。

● 多层感知器。

● 实现简单的神经层来建模二元函数。

在本章中，读者将使用应用程序的构建块。那么，一起开始学习吧！

5.1　神经模型的历史

神经网络模型是一种建立大脑内部运作表现形式的模型，它在计算机科学领域的起源甚至可以追溯到 20 世纪 40 年代中期。

当时，神经科学和计算机科学领域开始合作，共同研究模拟大脑处理信息的方式，而这是从研究其组成单元，即神经元开始的。

第一个用于表示人类大脑学习功能的数学方法出自 McCulloch 和 Pitts 在 1943 年共同发表的一篇论文《A Logical Calculus of Ideas Immanent in Nervous Activity》，如图 5.1 所示。

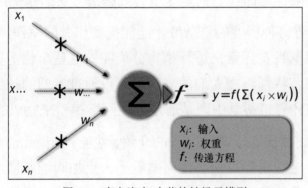

图 5.1　麦卡洛克-皮茨的神经元模型

这个简单的模型就是机器学习算法的基础模型。读者会好奇，如果使用线性方程作为传递函数会发生什么，它是一个简单的线性模型，就像我们在第 4 章看到的那样。

说明

读者可能已经注意到，此处使用了 W 字母来指代模型中要调整的参数。从现在开始就会将此作为新的标准。之前在线性回归模型中的旧的 β 参数此刻用 W 代替。

但是该模型尚未确定调整参数的方法。接着让我们进入到 20 世纪 50 年代，来回顾一下**感知器（Perception）**模型。

5.1.1 感知器模型

感知器模型是实现人工神经元的最简单方法之一。它最初是在 20 世纪 50 年代末被开发出来的。其第一次由硬件实现是在 20 世纪 60 年代。感知器本来是机器的名称，后来成为了算法的名称。是的，感知器不是我们一直原以为的奇怪的实体，它是读者作为开发人员每天处理的东西——算法！

接下来通过以下步骤来了解它是如何工作的。

（1）使用随机（低值）分布初始化权重。

（2）选择一个输入向量并将其馈送给网络。

（3）为指定的输入向量和权重值计算网络的输出 y'。

感知器的函数如下所示。

$$f(x) = \begin{cases} 1, & \text{如果}wx + b > 0 \\ 0, & \text{其他} \end{cases}$$

（4）如果 $y' \neq y$，通过添加变化 $\Delta \omega = yx_i$ 来修改所有连接，即 ω_i。

（5）返回第（2）步。

这可以说是一个学习二元分类方程并将实函数映射到单个二元函数的算法。

接下来描述感知器的架构，并用图 5.2 分析该算法的模式。

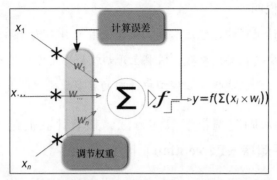

图 5.2　感知器模型（突出显示与前一模型的变化部分）

感知器是以其先驱者的思想为基础建立的，它的特别之处在于添加了一种学习机制。图 5.3 中重点描述了模型的新属性——反馈循环。它使用了预先确定的公式来计算结果的误差并对权重进行调整。

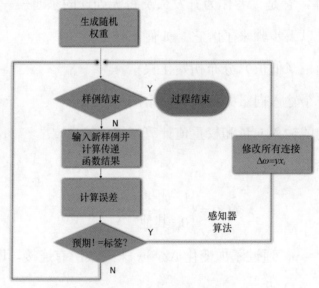

图 5.3　感知器算法流程图

5.1.2　改进预测结果——ADALINE 算法

自适应线性神经单元（Adaptive Linear Neuron，ADALINE）是另一种用来训练神经网络的算法（这里讨论的是算法）。ADALINE 在某些方面比感知器更先进，因为它增加了一种新的训练方法——梯度下降。此外，它还会改变激活输出被应用于权重总和之前的测量误差部分，如图 5.4 所示。

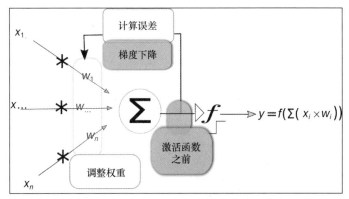

图 5.4 ADALINE 模型（突出显示附加感知器的功能）

这是用结构化方式表示 ADALINE 算法的标准方法。此算法是由一系列步骤组成的，接下来，我们以更详细的方式汇总这些步骤，并附加一些额外的数学细节。其算法流程如图 5.5 所示。

（1）用随机（低值）分布初始化权重。

（2）选择一个输入向量并将其馈送给网络。

（3）为指定的输入向量和权重值计算网络的输出 y'。

（4）被采用的输出值是下面总和公式计算之后的输出值。

$$y = \sum (x_i \times \omega_i)$$

（5）计算误差，将模型输出和正确标签 o 进行比较。

$$E = (o - y)^2$$

这个公式看起来是不是和之前看过的某个公式很相似？是的！现在做的基本上就是在解决一个回归问题。

（6）使用以下梯度下降递归地调整权重。

$$\omega \leftarrow \omega + \alpha(o - y)x$$

（7）回到步骤（2）。

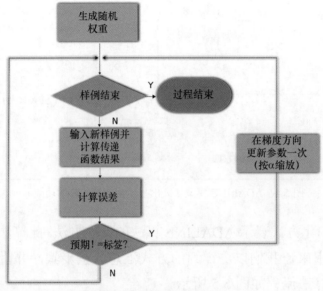

图 5.5 感知器算法流程图

5.1.3 感知器和 ADALINE 之间的异同

前面已经简单解释了现代神经网络的前身。正如读者所看到的，现代模型的元素几乎都是在 20 世纪 50 年代和 60 年代展示出来的。在继续介绍之前，我们还是先来比较一下这些方法的异同。

相似之处如下。

● 它们都是算法（强调这一点很重要）。

● 它们都适用于单层神经模型。

● 它们都是用于二元分类的分类器。

● 它们两者都有线性决策边界。

● 它们两者都可以通过逐个样本进行迭代学习（感知器算法自然地进

行，自适应线性单元算法则通过随机梯度下降进行）。

● 它们两者都有阈值函数。

不同之处如下。

● 感知器算法使用最终的分类决策来训练权重。

● ADALINE 算法使用连续预测值（来自网络输入）来学习模型系数，并使用连续浮点值，而不是布尔或整数来测量误差的细微变化。

在结束单层体系结构和模型的介绍之前，接下来我们回顾一些从 20 世纪 60 年代末开始的发现，这些发现在神经模型界引起了相当大的轰动，据说其引发了第一次人工智能的寒冬或者说引发了对机器学习研究兴趣的突然崩溃。令人高兴的是，在之后的几年里，研究人员找到了克服他们所面临的局限的方法，而这也将会在本章得到进一步的讨论。

早期模型的局限性

虽然感知器模型本身已经有了神经模型中的大部分元素，但它也存在自身问题。经过几年的发展，Minsky 和 Papert 于 1969 年出版的《Perceptrons》一书在该领域引起了轰动，书中的主要观点是感知器只能处理线性可分离的问题，而这只是从业者认为可以解决的问题中很小的一部分。从某种意义上说，这本书表明，除了简单的分类任务之外，感知器几乎毫无用处。

这个发现的缺陷可以通过模型无法表示 XOR 函数来说明，XOR 函数是一个布尔函数，当输入值不同时其输出为 1，当输入值相等时其输出为 0，如图 5.6 所示。

正如在图 5.6 中看到的，主要问题是没有类（交叉或点）是线性可分离的。也就是说，不能通过平面上的任何线性函数将两者分开。

这一发现导致了该领域的活动大为减少，这持续了大约 5 年的时间，直到 20 世纪 70 年代中期，出现了反向传播算法，并发展起来了。

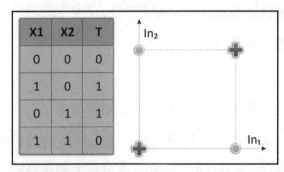

图 5.6　XOR 函数的建模问题。没有任何直线能正确地分割 0 和 1 值

5.1.4　单层和多层感知器

接下来，我们讨论更多现代模型的内容，它们建立在之前概念的基础上，且允许对更复杂的现实元素进行建模。

> **说明**
>
> 本节将研究**多层感知器**（**Multilayer Perceptrons，MLP**），这是常用的结构，**单层感知器**（**Single-Layer Perceptron**）可以视为前者的特定情况，本节会突出它们的差异。

单层和多层感知器是 20 世纪 70 年代和 80 年代常用的结构，并在神经系统的性能方面获得了巨大的进步。它们带来的主要创新如下。

- 它们是前馈网络，计算过程从输入开始，逐层进行，从一层流向另一层（信息永远不会返回）。

- 它们使用反向传播方法来调整权重。

- 本来用做传递函数的阶跃函数被非线性函数取代，比如 S 型函数（Sigmoid Function）。

1. 多层感知器起源

在探索了单元神经模型的性能后,要做的是生成共同连接的多个单元的层或集合(我们将连接定义为发送一个单元的输出作为另一个单元总和一部分的行为),如图 5.7 所示。

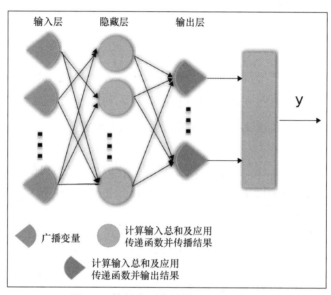

图 5.7 简单多层前馈神经网络的描述

2. 前馈机制

在网络运行阶段,会输入数据到第一层,并从每个单元流向接下来各层中的相应单元。然后数据将被求和并在隐藏层中传递,最后经由输出层处理。这个过程完全是单向的,因此避免了数据流中的任何递归复杂化。

与前馈机制相对应,在建模过程中对模型训练时,多层感知机存在另外一种机制,即**反向传播算法(Back propagation)**,它负责优化模型的性能。

3. 优化算法——反向传播算法

从感知器算法开始,每个神经结构都有一种方法来优化其内部参数,这种方法基于标定过的真实数据与模型输出的比较进行调整。常见的假设是取(当时很简单的）模型函数的导数，迭代地逼近最小值。

对于复杂的多层网络，还存在额外的开销，这与输出层的输出是一长串函数组合的结果有关，其中每一层的输出都被下一层的传递函数包裹。因此，输出的导数将是一个极其复杂的函数导数。这种情况下，反向传播方法被提出并取得了很好的效果。

说明

反向传播可以概括为一种用于计算导数的算法。其主要的特性是计算效率很高并可以处理复杂的函数。它也是线性感知器中最小均方算法的扩展。

在反向传播算法中，误差分布在整个体系结构的所有函数上。因此，它的目标是在一组深度复合的函数上最小化误差，即损失函数的梯度，这个计算过程由链式法则得到。

接下来则通过以下步骤为现代神经网络定义通用算法。

（1）计算从输入到输出的前馈信号。

（2）基于预测 a_k 和目标 t_k 计算输出误差 E。

（3）通过用前几层的权重和相关激活函数的梯度对误差信号进行加权来反向传播误差信号。

（4）基于反向传播的误差信号和来自输入的前馈信号计算参数的梯度 $\delta E/\delta\theta$。

（5）使用计算的梯度 $\delta\theta\leftarrow\theta-\eta\delta E/\delta\theta$ 更新参数。

现在以图像的方式回顾一下这个过程，如图 5.8 所示。

图 5.9 中以算法的方式表示整个过程。读者可以看到与先前优化方法的重合部分的数量，以及所涉及的计算模块。

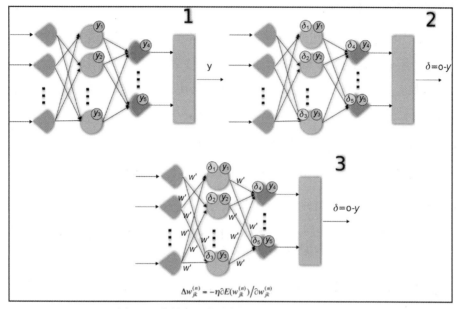

图 5.8 前馈和反向传播训练过程的逐步表示

图 5.9 前馈/反向传播方案的流程图

需要解决的问题类型

神经网络既可应用于回归问题，也可应用于分类问题。常见的体系结构差异在于输出层：为了能够得到基于实数的结果，不能应用标准化函数，如 sigmoid 函数。因为这样就不会将变量的结果更改为可能的类值，以得到连续的结果。接下来看一看几类需要解决的问题。

- **回归/函数逼近问题**：此类问题使用最小二乘误差函数、输出层线性激活函数和隐藏层 sigmoid 激活函数，这将为输出得到一个真值。

- **分类问题（两个类别、一个输出）**：在这类问题中，通常会使用交叉熵代价函数、输出层和隐藏层 sigmoid 激活函数。sigmoid 函数能提供其中一个类出现与否的概率。

- **分类问题（多类、每个类一个输出）**：在这类问题中，将使用一个输出层 softmax 函数、隐藏层 sigmoid 激活函数以及交叉熵代价函数，以便输出单个输入的任何可能类的概率。

5.2　使用单层感知器实现简单的功能

下面的代码片段用单层感知器实现单个函数。

```
import numpy as np
import matplotlib.pyplot as plt
plt.style.use('fivethirtyeight')
from pprint import pprint
%matplotlib inline
from sklearn import datasets
import matplotlib.pyplot as plt
```

5.2.1　定义并绘制传递函数类型

仅仅借助单变量线性分类器，对神经网络的学习特性帮助不大。即使是机器学习中的一些稍微复杂的问题，也涉及多个非线性变量，因此许多变量被开发成感知器传递函数的替代品。

为了表示非线性模型，可以在激活函数中使用不同的非线性函数。这意味着神经元对输入变量变化的反应方式会发生改变。在以下部分中，将定义几个不同的传递函数，并通过代码来定义和表示它们。

本节将开始使用 Python 中的**面向对象编程**（**Object-Oriented Programming，OOP**）技术来表示问题域的实体，以便在接下来的示例中以更清晰的方式来表示概念。

首先创建一个 TransferFunction 类，它将包含以下两个方法。

- `getTransferFunction(x)`：这个方法将返回由类型标识确定的激活函数。

- `getTransferFunctionDerivative(x)`：这个方法将返回它的导数。

对于这两个函数，其输入是一个 Numpy 数组，函数将逐个应用数组中元素，如下所示。

```
>class TransferFunction:
    def getTransferFunction(x):
        raise NotImplementedError
    def getTransferFunctionDerivative(x):
        raise NotImplementedError
```

5.2.2　表示和理解传递函数

接下来阅读以下代码片段，以了解传递函数是如何工作的。

```
def graphTransferFunction(function):
    x = np.arange(-2.0, 2.0, 0.01)
    plt.figure(figsize=(18,8))
    ax=plt.subplot(121)
    ax.set_title(function.__name__)
    plt.plot(x, function.getTransferFunction(x))

    ax=plt.subplot(122)
    ax.set_title('Derivative of ' + function.__name__)
    plt.plot(x, function.getTransferFunctionDerivative(x))
```

5.2.3 Sigmoid 函数或逻辑函数

Sigmoid 函数或逻辑函数都是典型的激活函数，非常适合于计算分类属性中的概率。首先，准备一个函数，用于绘制所有传递函数及其导数的曲线图，设置范围−2.0～2.0，读者将观察到它们在 y 轴的主要特征。Sigmoid 函数的经典公式的实现如下。

```
class Sigmoid(TransferFunction): #Squash 0,1
    def getTransferFunction(x):
        return 1/(1+np.exp(-x))
    def getTransferFunctionDerivative(x):
    return x*(1-x)

graphTransferFunction(Sigmoid)
```

运行结果如图 5.10 所示。

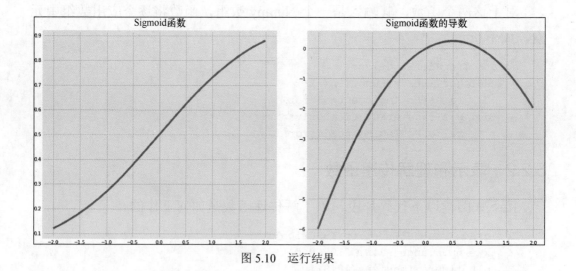

图 5.10 运行结果

5.2.4 使用 Sigmoid 函数

接下来做一项练习，以了解 Sigmoid 函数在乘以权重后会如何变化，以及如何通过改变偏移使最终函数趋近它的最小值。首先改变单个 Sigmoid 函数的参数，并观察其拉伸和移动。

```
ws=np.arange(-1.0, 1.0, 0.2)
  bs=np.arange(-2.0, 2.0, 0.2)
  xs=np.arange(-4.0, 4.0, 0.1)
  plt.figure(figsize=(20,10))
  ax=plt.subplot(121)
  for i in ws:
      plt.plot(xs, Sigmoid.getTransferFunction(i *xs),label= str(i));
  ax.set_title('Sigmoid variants in w')
  plt.legend(loc='upper left');

  ax=plt.subplot(122)
  for i in bs:
      plt.plot(xs, Sigmoid.getTransferFunction(i +xs),label= str(i));
  ax.set_title('Sigmoid variants in b')
  plt.legend(loc='upper left');
```

运行结果如图 5.11 所示。

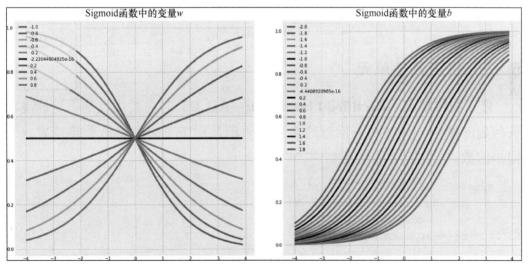

图 5.11　运行结果

接下来看另一个代码片段。

```
class Tanh(TransferFunction): #Squash -1,1
    def getTransferFunction(x):
```

```
        return np.tanh(x)
    def getTransferFunctionDerivative(x):
        return np.power(np.tanh(x),2)
graphTransferFunction(Tanh)
```

图 5.12 所示即为运行前述代码的结果。

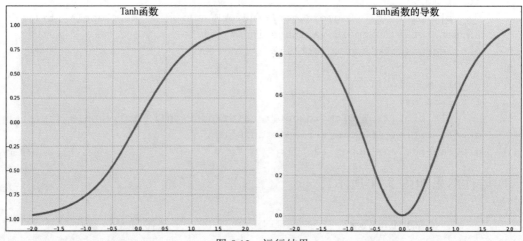

图 5.12　运行结果

5.2.5　修正线性单元

修正线性单元（**Rectified Linear Unit，ReLU**）的主要优点是不受梯度消失问题的影响。梯度消失问题通常意味着前几层的学习率趋近于零或者一个很小的数。

```
class Relu(TransferFunction):
    def getTransferFunction(x):
        return x * (x>0)
    def getTransferFunctionDerivative(x):
        return 1 * (x>0)
graphTransferFunction(Relu)
```

图 5.13 所示即为运行前述代码的结果。

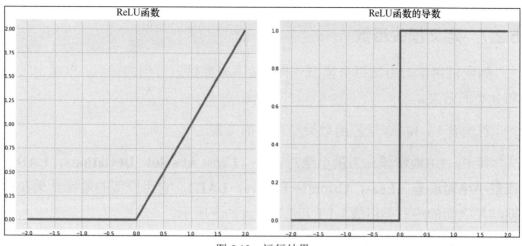

图 5.13 运行结果

5.2.6 线性传递函数

接下来阅读下面的代码片段,以了解线性传递函数。

```
class Linear(TransferFunction):
    def getTransferFunction(x):
        return x
    def getTransferFunctionDerivative(x):
        return np.ones(len(x))
graphTransferFunction(Linear)
```

代码运行结果如图 5.14 所示。

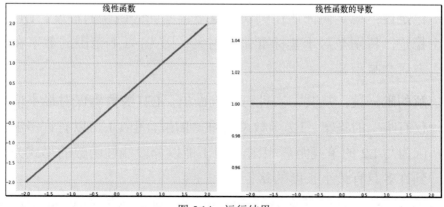

图 5.14 运行结果

5.2.7 定义损失函数

如同机器学习中的每个模型一样，接下来要探索可用的函数，以确定预测和分类的效果。

首先看 L1 和 L2 误差函数类型之间的区别。

其中，L1 通常被称为**最小绝对偏差（Least Absolute Deviations，LAD）**或**最小绝对误差（Least Absolute Errors，LAE）**，它由模型的最终结果和预期结果之间的绝对差组成。L1 和 L2 公式如下所示。

$$S = \sum_{i=1}^{n} \left| y_i - f(x_i) \right|. \tag{1}$$

$$S = \sum_{i=1}^{n} \left(y_i - f(x_i) \right)^2 \tag{2}$$

L1 与 L2 属性比较

现在对这两类损失函数进行比较。

- **健壮性**：L1 是一个更具健壮性的损失函数，健壮性可理解为受异常值影响时函数的对抗度。二次函数则会映射为非常高的值。因此，若需要选择 L2 函数，应该提前进行严格的数据清理以使其变得更高效。

- **稳定性**：稳定性评估在大误差值下误差曲线跳跃的程度。L1 更加不稳定，特别是对于非标准化数据集（因为[–1,1]范围的数字在计算平方后会减小）。

- **解的唯一性**：从其二次性可以推断出，L2 函数确保对最小值的搜索仅有唯一的答案。L2 函数总有唯一的解，但 L1 可以有许多解，这是因为与 L2 的单线距离相比，对 L1 能以分段线性函数的形式为模型找到许多具有最小长度的路径。

对于读者而言，在一般情况下可使用 L2 差错类型，特别是由于解的唯一性，在开始最小化错误值时能保证其具有确定性。在下面的示例中，从更简单的 L1 差错函数开始介绍。

接下来通过绘制样本的 L1 和 L2 损失误差函数的误差结果来探索这两种方法。下面的示例将向读者展示这两个差错函数不同的性质。在此示例的前两个样本中，已经将输入限定在[−1,1]之间，而其他样本输入取该范围之外的值。

正如读者见到的，样本 0～样本 3 的二次误差稳定且持续地增加，但是对于非标准化数据，它可能会产生指数增长的效果，尤其是对于异常值来说。如以下代码片段所示。

```
sampley_=np.array([.1,.2,.3,-.4, -1, -3, 6, 3])
sampley=np.array([.2,-.2,.6,.10, 2, -1, 3, -1])

ax.set_title('Sigmoid variants in b')
plt.figure(figsize=(10,10))
ax=plt.subplot()
plt.plot(sampley_ - sampley, label='L1')
plt.plot(np.power((sampley_ - sampley),2), label="L2")
ax.set_title('L1 vs L2 initial comparison')
plt.legend(loc='best')
plt.show()
```

运行代码得到的结果如图 5.15 所示。

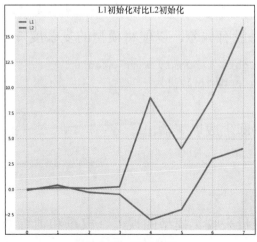

图 5.15　运行结果

以 LossFunction 类和 getLoss 方法为 L1 和 L2 定义损失函数，接收两个 NumPy 数组作为参数，*y_*是估计函数值，*y* 是期望值。

```
class LossFunction:
    def getLoss(y_ , y ):
        raise NotImplementedError

class L1(LossFunction):
    def getLoss(y_, y):
        return np.sum (y_ - y)

class L2(LossFunction):
    def getLoss(y_, y):
        return np.sum (np.power((y_ - y),2))
```

然后将目标函数定义为一个简单的布尔函数。为了实现更快的收敛，它将在输入变量和函数结果之间建立直接的关系。

```
# input dataset
X = np.array([  [0,0,1],
                [0,1,1],
                [1,0,1],
                [1,1,1] ])


# output dataset
y = np.array([[0,0,1,1]]).T
```

接下来要使用的模型是一个非常小的神经网络模型，其中包含 3 个单元，每个单元都有权重且没有偏差，以便将模型的复杂度降至最低。

```
# initialize weights randomly with mean 0
W = 2*np.random.random((3,1)) - 1
print (W)
```

运行前面的代码即生成以下输出。

```
[[ 0.52014909]
 [-0.25361738]
 [ 0.165037 ]]
```

然后定义一组变量来收集模型的误差、权重和训练结果。

```
errorlist=np.empty(3);
```

```
weighthistory=np.array(0)
resultshistory=np.array(0)
```

接下来进行迭代误差最小化操作。在本例中，将通过权重和神经元传递函数将整个真值表输入 100 次，并在误差方向上调整权重。

请注意，此模型不使用学习率，因此它会快速地收敛（或发散）。

```
for iter in range(100):

    # forward propagation
    l0 = X
    l1 = Sigmoid.getTransferFunction(np.dot(l0,W))
    resultshistory = np.append(resultshistory , l1)

    # Error calculation
    l1_error = y - l1
    errorlist=np.append(errorlist, l1_error)

    # Back propagation 1: Get the deltas
    l1_delta = l1_error * Sigmoid.getTransferFunctionDerivative(l1)

    # update weights
    W += np.dot(l0.T,l1_delta)
    weighthistory=np.append(weighthistory,W)
```

接下来则通过打印 *l1* 的输出值来简单回顾最后的评估过程。现在可以看到其完全反映了原始函数的输出。

```
print (l1)
```

以下输出即是通过运行前面代码生成的。

```
[[ 0.11510625]
 [ 0.08929355]
 [ 0.92890033]
 [ 0.90781468]]
```

为了更好地理解这个过程，接下来观察参数是如何随时间而变化的。首先，绘制神经元权重图（见图 5.16）。正如读者看到的，它们以随机状态接收第一列的所有值（总是正确的），在得到第二列（50%的时间是正确的）后近乎全为 0 状态，得到第三列后为–2 状态（主要由于它必须在表中的前两个元素触发 0）。

```
plt.figure(figsize=(20,20))
print (W)
plt.imshow(np.reshape(weighthistory[1:],(-1,3))[:40],
cmap=plt.cm.gray_r,
    interpolation='nearest');
```

以下是上面的代码运行结果：

```
[[ 4.62194116]
 [-0.28222595]
 [-2.04618725]]]
```

运行代码得到的结果如图 5.16 所示。

图 5.16　神经元权重

接下来回顾一下此解决方案在到达最后一次迭代前是如何演变的（在前 40 次迭代中）。我们可以清楚地看到其向理想值的收敛过程。

```
plt.figure(figsize=(20,20))
plt.imshow(np.reshape(resultshistory[1:], (-1,4))[:40],
cmap=plt.cm.gray_r,
    interpolation='nearest');
```

运行代码得到的结果如图 5.17 所示。

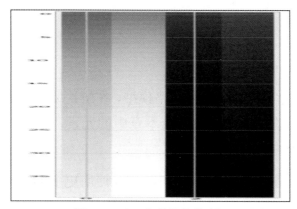

图 5.17 向理想值的收敛过程

读者可以看到误差是如何演变的，以及其在不同的时期趋于零的过程。在本例中，读者可以观察到它从负向正摆动，这是可能发生的，因为我们首先使用了 L1 误差函数。

```
plt.figure(figsize=(10,10))
plt.plot(errorlist);
```

运行代码得到的结果如图 5.18 所示。

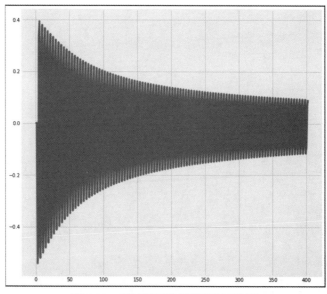

图 5.18 对神经网络训练使误差降低

5.3　小结

在本章中，通过实现一个神经网络模型，在解决复杂问题方面迈出了非常重要的一步。之后的章节中仍会涉及本章中的元素，读者可以把在本章中获得的知识外推到新的体系架构中。

第 6 章将讨论更复杂的模型和问题，并使用更多的神经网络层和特殊配置，如卷积层和丢失层。

第6章
卷积神经网络

经过神经元的层层堆叠，形成了用于优化模型的流行解决方案。从基于人类视觉的模型开始，进一步丰富节点的思想出现了。这些思想最初只是作为研究主题，但在实现了图像数据集和更强大的处理能力之后，它们成为了可能。利用这些思想，研究人员将分类模型的准确性提升到几乎达到人类的水平。现在本章准备在项目中利用这种能力。

本章中包含以下内容。

- 卷积神经网络的起源。

- 离散卷积的简单实现。

- 其他操作类型：池化、Dropout。

- 迁移学习。

6.1 卷积神经网络的起源

卷积神经网络（**Convolutional Neural Networks，CNN**）起源于很早以前，它是在**多层感知器**（**Muli-layer Perception**）不断完善的同时发展起来的，第一个例子就是**神经认知机**（**Neocognitron**）。

神经认知机（见图 6.1）是一种层次化的多层人工神经网络（**Artificial**

Neural Network，ANN），由 Fukushima 教授在 1980 年的一篇论文中提出，具有以下主要特点。

- 自组织。

- 对输入的移位和形变具有容错能力。

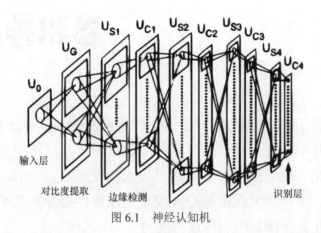

图 6.1 神经认知机

这一原始想法于 1986 年再次出现在最初介绍反向传播的书中，并于 1988 年被用于语音识别中的时间信号处理。

此设计在 1998 年得到了改进，Ian LeCun 在论文《Gradient-Based Learning Aapplied to Document Recognition》中提出了 LeNet-5 网络。这一体系结构用于对手写数字进行分类。与其他现有的模型相比，该模型的性能有所提高，特别是在支持向量机（Support Vector Machine, SVM）的几个变体上。

在 2003 年，由该论文延伸出了《Hierarchical Neural Networks for Image Interpretation》这本书。但总的来说，至今几乎所有的内核都遵循最初的想法。

6.1.1 从卷积开始

为了理解卷积，本章将从研究卷积算子的起源开始，再解释这个概念的应用方法。卷积基本上是两个连续或离散的函数之间的运算。在实际使用中，它可以实现一个函数对另一个的滤波效果。

它在不同的领域有很多用途，特别是在数字信号处理领域。它是音频、图像整形和滤波的首选工具。甚至在概率理论中也有应用。它表示两个独立随机变量的和。

这些滤波功能与机器学习有什么关系呢？答案是通过滤波器构建网络节点。这些节点可以强化或隐藏输入的某些特征（通过滤波器定义）。因此可以为所有特征构建自动定制检测器。这些特征可用于检测特定的模式。现在，回顾一下这一操作的正式定义，并概括计算的方法。

1. 连续卷积

卷积运算最早是在 18 世纪微分学发展初期由 d'Alembert 创造的。该操作的一般定义如下。

$$f(t) * g(t) = \int_{-\infty}^{\infty} f(\tau) g(t - \tau) \mathrm{d}\tau$$

为了描述操作所需的步骤以及组合两个函数的方法，下面我们将详细描述所涉及的数学运算。

- 翻转信号：这是$(-\tau)$变量的一部分。
- 平移：t 是 $g(\tau)$的加法因子。
- 乘积：f 和 g 的乘积。
- 对得到的曲线积分：这部分不太直观，因为每个瞬时值都是积分的结果。

图 6.2 直观地显示在确定点 t_0 上 f 和 g 两个函数进行卷积计算所涉及的所有步骤。

这种方式也适用于离散函数，现在我们从定义开始。

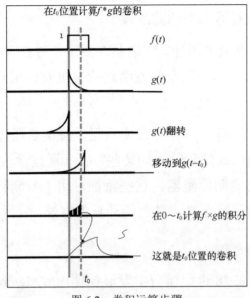

图 6.2　卷积运算步骤

2．离散卷积

在实际使用卷积时，我们的工作场景多数是数字化的，因此需要将这个操作转换到离散域。两个离散函数 f 和 g 的卷积运算是将原来的积分运算转换为以下形式的等价求和。

$$(f * g)[n] = \sum_{m=-\infty}^{\infty} f[m]g[n-m] = \sum_{m=-\infty}^{\infty} f[n-m]g[m]$$

这个原始定义可以应用于任意维数的函数。特别是处理二维图像时，因为会大量使用离散卷积，我们将在本章中进一步描述。

现在来学习卷积运算。它通常通过卷积核实现。

6.1.2　卷积核和卷积

在解决离散域的现实问题时，通常遇到二维函数，例如一个图像，可以使用另一个图像进行滤波。滤波器开发的原理是研究不同种类的滤波器通过卷积应用于各种类时的效果。常见的函数类型是每个维度有 2~5 个元素，其余元素的值为 0。这些表示滤波函数的小矩阵称为**卷积核（Kernel）**。

从 n 维矩阵（通常用一个二维矩阵表示图像）的第一个元素开始，与卷积核的所有元素进行卷积运算，将矩阵的中心元素设为需要相乘的特定值，并根据卷积核的维数设定其余因子。对图像来说，经过处理的结果将得到一个等价的图像，其中某些元素被突出显示，而其他元素（如在模糊的情况下）被隐藏。

在下面的示例中，读者将看到如何将特定的 3×3 卷积核应用到特定的图像元素。图 6.3 所示的操作是对矩阵的所有元素进行重复扫描。

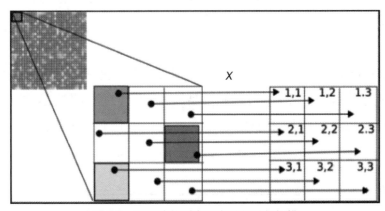

图 6.3　对矩阵的所有元素进行重复扫描

在应用卷积核时还需要考虑一些额外的元素，特别是步长和填充。它们的目的是为了适应特殊的应用程序。下面来看看步长和填充。

步长和填充

当进行卷积运算时，可以改变卷积核的位移单位。这个参数可以针对每个维度单独指定，称为**步长（stride）**。在图 6.4 中，展示了不同步长的例子。在第三种情况下，可以看到步长与卷积核不兼容，因为卷积核在最后一步不能与图像重合。根据所采用库的不同，这种类型的警告可以忽略。

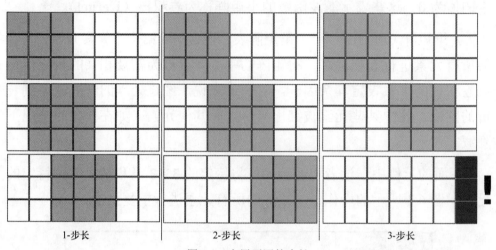

图 6.4　应用不同的步长

　　应用卷积核时，卷积核越大，图像/矩阵边界上的单位就越多。因为需要覆盖整个卷积核，所以无法得到想要的结果。为了解决这个问题，**填充**（**padding**）参数将向图像添加指定宽度的边框，以便卷积核能够均匀地应用于边缘像素/元素。图 6.5 所示为一个关于填充参数的图形描述。

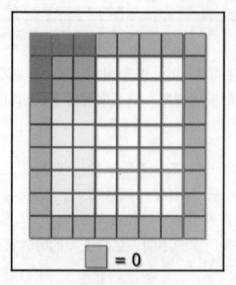

图 6.5　填充参数

在描述了卷积的基本概念之后，接下来在一个实际例子中实现卷积，看一看如何应用到真实图像中，并直观地了解它的效果。

6.1.3 在实例中实现二维离散卷积

为了理解离散卷积运算的机制，下面对这个概念进行一个简单直观的实现，并将其应用到具有不同类型卷积核的样本图像上。首先导入所需的库。为了更清晰地展示算法的实现，将只使用必要的基本库，如 NumPy，代码如下。

```
import matplotlib.pyplot as plt
import imageio
import numpy as np
```

使用 imageio 包中的 imread 函数，读取图像（导入为 3 个相同的通道，因为它是灰度图像）。然后对第一个通道进行切片，将其转换为浮点数，并使用 Matplotlib 显示出来，代码如下。

```
arr = imageio.imread("b.bmp") [:,:,0].astype(np.float)
plt.imshow(arr, cmap=plt.get_cmap('binary_r'))
plt.show()
```

结果如图 6.6 所示。

图 6.6　运行结果

现在来定义卷积核运算。正如前面所做的，将它简化为一个 3×3 卷积核，以便更好地理解边界条件。apply3×3kernel 函数将对图像的所有元素应用卷积核，返回一个新的等价图像。为了简单起见，将卷积核限制为 3×3，因为没有考虑使用填充，所以图像的 1 像素边框不会产生新值。代码如下。

```
class ConvolutionalOperation:
    def apply3x3kernel(self, image, kernel): # Simple 3x3 kernel operation
        newimage=np.array(image)
        for m in range(1,image.shape[0]-2):
            for n in range(1,image.shape[1]-2):
                newelement = 0
                for i in range(0, 3):
                    for j in range(0, 3):
                        newelement = newelement + image[m - 1 + i][n - 1+
                        j]*kernel[i][j]
                newimage[m][n] = newelement
        return (newimage)
```

正如在前面看到的，不同的卷积核配置突出了原始图像的不同元素和属性。所构建的滤波器在经过多次训练之后（如眼睛、耳朵和门）可以专门处理非常高级的特性。在这里，将生成一个以 key 为名称的卷积核字典，用于排列 3×3 数组中的卷积核系数。滤波器 Blur 等价于计算 3×3 点区域的平均值。Identity 只是返回像素值。Laplacianis 是一个经典的导数滤波器，用来突出边框。然后两个 Sobel 滤波器，前一个标记水平边，后一个标记垂直边。代码如下。

```
kernels = {"Blur":[[1./16., 1./8., 1./16.], [1./8., 1./4., 1./8.], [1./16.,
1./8., 1./16.]]
          ,"Identity":[[0, 0, 0], [0., 1., 0.], [0., 0., 0.]]
          ,"Laplacian":[[1., 2., 1.], [0., 0., 0.], [-1., -2., -1.]]
          ,"Left Sobel":[[1., 0., -1.], [2., 0., -2.], [1., 0., -1.]]
          ,"Upper Sobel":[[1., 2., 1.], [0., 0., 0.], [-1., -2., -1.]]}
```

接下来生成名为 ConvolutionalOperation 的对象，并生成一个卷积核对比图形表。代码如下。

```
conv = ConvolutionalOperation()
plt.figure(figsize=(30,30))
```

```
fig, axs = plt.subplots(figsize=(30,30))
j=1
for key,value in kernels.items():
    axs = fig.add_subplot(3,2,j)
    out = conv.apply3x3kernel(arr, value)
    plt.imshow(out, cmap=plt.get_cmap('binary_r'))
    j=j+1
plt.show()
```

```
<matplotlib.figure.Figure at 0x7fd6a710a208>
```

在图 6.7 中可以清楚地看到卷积核检测细节特征的方法。第一幅是未更改的图像，因为使用了单位卷积核，然后依次通过拉普拉斯边缘检测、左边界检测、上边缘检测和模糊运算。

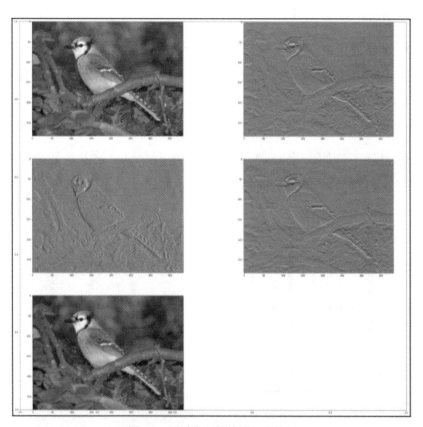

图 6.7 通过卷积核检测细节特征

回顾连续和离散卷积运算的主要特征后，可以得出这样的结论：基本上，卷积核突出或隐藏特定的模式。通过训练或手动设置的参数，开始发现图像中的许多元素，例如不同维度的方向和边缘。还可以通过模糊卷积核来覆盖一些不需要的细节或异常值。此外，通过卷积层的堆叠，甚至可以突出高阶复合元素，比如眼睛或耳朵。

卷积神经网络的这一特性是其相对于以往数据处理技术的主要优势：可以非常灵活地确定某个数据集的主要成分，并用这些基本模块的组合表示更多的示例。

现在，看一看另一种类型的层，它通常与前一种层结合使用——池化层。

6.1.4 下采样（池化）

下采样操作通过应用一个（可变维数的）核，将图像分割成 $m \times n$ 块，并取一个表示该块的元素来减少输入维数，从而通过确定的因子来降低图像分辨率。在 2×2 核的情况下，图像大小将减少一半。常用的操作是最大池化（max pool）、平均池化（avg pool）和最小池化（min pool）。

图 6.8 展示了应用一个 2×2 最大池化核的方法，将其应用到一个单通道 16×16 矩阵，只保留所覆盖的内部区域的最大值。

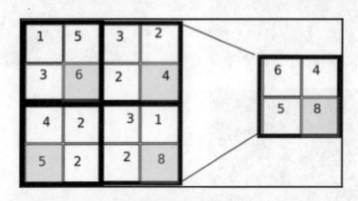

图 6.8 最大池化核

既然已经了解了这个简单的机制,那么问题是它的主要目的是什么?下采样层的主要目的与卷积层有关:减少信息的数量和复杂性,同时保留最重要的信息元素。换句话说,它们构建了底层信息的**紧凑表征**（**Compact Representation**）。

现在可以编写一个简单的池化运算了。与卷积运算相比,它更容易编写,也更直接。在这种情况下,我们将只实现最大池化。这个运算选择 4×4 附近最亮的像素,并将其投影到最终的图像。代码如下。

```
class PoolingOperation:
    def apply2x2pooling(self, image, stride): # Simple 2x2 kernel
operation
newimage=np.zeros((int(image.shape[0]/2),int(image.shape[1]/2)),np.float32)
        for m in range(1,image.shape[0]-2,2):
            for n in range(1,image.shape[1]-2,2):
                newimage[int(m/2),int(n/2)] = np.max(image[m:m+2,n:n+2])
        return (newimage)
```

接下来应用新创建的池化操作,最终的图像颗粒更大,而且细节通常更亮。代码如下。

```
plt.figure(figsize=(30,30))
pool=PoolingOperation()
fig, axs = plt.subplots(figsize=(20,10))
axs = fig.add_subplot(1,2,1)
plt.imshow(arr, cmap=plt.get_cmap('binary_r'))
out=pool.apply2x2pooling(arr,1)
axs = fig.add_subplot(1,2,2)
plt.imshow(out, cmap=plt.get_cmap('binary_r'))
plt.show()
```

通过图 6.9 可以看到池化前后的区别,虽然它们的区别很细微。最终的图像精度较低,池化选择的像素是核覆盖区域的最大值,会产生更亮的图像。

图 6.9　池化前后图像的区别

6.1.5　通过 Dropout 操作提高效率

正如前几章中所看到的，过拟合是每个模型潜在的问题。神经网络也是如此，数据在训练集上可能效果很好，但在测试集上却不行，这使得它无法进行泛化。

出于这个原因，在 2012 年，Geoffrey Hinton 领导的团队发表了一篇论文描述 Dropout 操作。它的操作很简单，包括如下几点。

● 随机选择节点数（从总数中选择节点的比例是一个参数）。

● 所选权重的值被设为 0，使前后节点之间的连接失效。

Dropout 层的优点

该方法的主要优点是可以防止层内所有神经元同步优化权值。这种在随机分组中进行的适应性，阻止了所有神经元向同一个目标聚合，从而消除了权重之间的关联。

在 Dropout 应用中发现的第二个特性是隐藏单元的激活变得稀疏，这也是一个理想的特性。

在图 6.10 中，我们得到了一个原始的、完全连接的多层神经网络的表征，以及使用 Dropout 的网络。

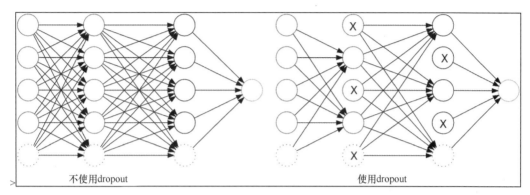

不使用dropout   使用dropout

图 6.10 是/否使用 dropout 的区别

6.2 深度神经网络

现在网络已经具有丰富的层次，可以开始一场关于神经体系结构如何随着时间进化的旅行了。从 2012 年开始，一系列新的、越来越强大的层次组合迅速出现，而且势不可挡。这组新框架采用了深度学习，可以近似地将它们定义为包含至少 3 层的复杂神经架构。它们也倾向于包含比单层感知器更高级的层，比如卷积层。

6.2.1 深度卷积网络框架的发展

深度学习体系结构可以追溯到 20 年前，它的发展在很大程度上由人类视觉问题所引导。接下来看一看主要的深度学习框架及其主要的构建模块，然后可以根据自己的目标对它们进行重用。

1. Lenet 5

正如在卷积神经网络的历史介绍中看到的，卷积层是在 20 世纪 80 年代发现的。但直到 20 世纪 90 年代末，可用的技术还不足以构建复杂的层组合。

1998 年，在贝尔实验室（Bell Labs）进行的一项研究中，Yan LeCun 提出了一种新的方法——卷积、池化和全连接层次结构——解决手写数字识别问题。

当时，支持向量机等数学意义更明确的方法取得了或多或少的成功。而卷积神经网络的基础论文表明，采用当时最先进的神经网络表现得相对较好。

图 6.11 所示的这个架构的所有层都有一个表征。它将一个 28×28 的灰度图像作为输入，并返回一个包含 10 个元素的向量，将每个字符的概率作为输出。

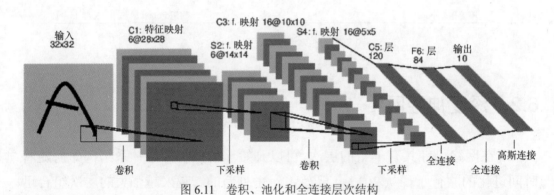

图 6.11　卷积、池化和全连接层次结构

2. Alexnet

经过几年的中断后（即使 LeCun 将网络应用到其他任务，比如人脸和对象识别），随着可用的结构化数据和原始数据处理能力的指数化增长，几年前认为不可能做到的模型优化得到了发展。

促进该领域创新的要素之一是 **Imagenet** 图像库，它由数百万张按类别排列的图像组成。

从 2012 年开始，每年都会举办大规模视觉识别挑战赛（Large Scale Visual Recognition Challenge，LSVRC），帮助研究人员在网络配置上进行创新。每年都会取得越来越好的效果。

Alexnet 是由 Alex Krizhevsky 开发的，是第一个赢得挑战的深度卷积网络，并为未来几年深度卷积网络的成功开创了先例。它由一个结构类似于 Lenet-5 的模型组成，但其有数百层的卷积层，参数总数达数千万。

下面的挑战见证了一个强有力的竞争者，来自牛津大学的**视觉几何小组**（**Visual Geometry Group，VGG**）的 VGG 模型。

3．VGG 模型

VGG 网络架构的主要特点是，它将卷积滤波器的大小缩减为一个简单的 3×3 矩阵，并将它们组合成序列，如图 6.12 所示。这与之前的 **Alexnet** 不同，**Alexnet** 有较大的卷积核[①]（最高为 11×11）。

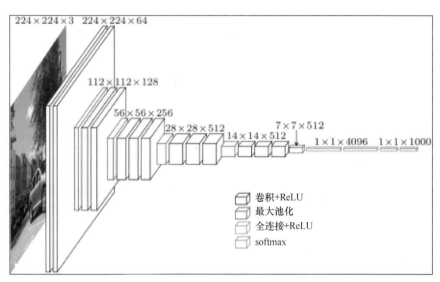

图 6.12　VGG 网络架构

矛盾的是，一系列小的卷积权值产生了大量的参数（以百万计的数量级），因此它必须有一些度量的限制。

4．GoogLenet 和 Inception 模型

GoogLenet 是在 2014 年赢得 LSVRC 的神经网络框架，也是大型 IT 公司

---

① 原文是 large kernel dimensions 即较大的核的维度，此处应该不是指维度较大，而是核较大。维度始终为 2。

第一次在该系列比赛中真正成功的尝试。自 2014 年以来，该系列比赛的奖项基本都被拥有巨额预算的公司赢得。

GoogLenet 基本上是由 9 个连续的 Inception 模块组成的，它们几乎没有修改。Inception 模块结构如图 6.13 所示，它是一个小卷积块的混合体，与一个 3×3 最大池化节点混合在一起。

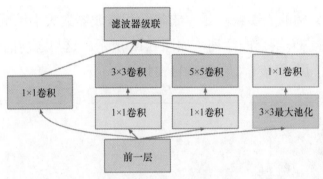

图 6.13　Inception 模块

即使结构看起来很复杂，但与两年之前发布的 Alexnet 相比，GoogLenet 还是设法减少了所需的参数数量（从 60 000 000 减少到 11 000 000），并且提高了精度（错误率从 16.4%减少到 6.7%）。此外，Inception 模块的重用允许进行敏捷实验。

但这并不是这个架构的最后一个版本。很快又创建了第二个版本的 Inception 模块，具有以下特性。

批量归一化 Inception 架构 V2 和 V3

2015 年 12 月，随着论文《Rethinking the Inception Architecture for Computer Vision》的问世，谷歌研究（Google Research）发布了 Inception 架构新的迭代版本。

内部协方差偏移问题

最初的 GoogLenet 的主要问题之一是训练的不稳定性。正如前面看到的，输入归一化基本上包括将所有输入值集中在 0 的左右，并将其值除以标准差，以便为反向传播的梯度确定一个良好的基线。

在大型数据集中进行一些训练之后，不同值的共同特性开始放大平均参数值，就像共振现象一样。这种现象叫作**协方差偏移（Covariance Shift）**。

为了解决这个问题，不仅要对原始输入值进行归一化，而且对每一层的输出值也进行归一化，在开始偏离均值之前避免层之间出现不稳定性。

除了批处理归一化之外，还建议在 V2 中增加一些特性。

- 将卷积核的最大值减小到 3×3。

- 增加网络的深度。

- 使用每一层的宽度增加技术来改进特征组合。

- 卷积的因子分解。

基本上，Inception V3 在相同的体系结构上实现了创新，并将批量归一化添加到网络的辅助分类器中。

在图 6.14 中展示了新的体系结构，注意卷积核的缩小。

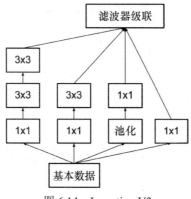

图 6.14　Inception V3

在 2015 年底，微软以 **ResNets** 的形式对这一系列体系结构进行了最后一次根本性的改进。

5. 残差网络（ResNet）

这个新架构出现在 2015 年 12 月（与 Inception V3 几乎同时出现），它源自于一个简单而新颖的想法——不仅应该使用每个卷积层的输出，而且应该将该层的输出与原始输入相结合。

图 6.15 所示为 ResNet 模块的简化视图。它清楚地显示了卷积末尾的和运算，以及最后的修正线性单元（Rectified Linear Unit，ReLU）运算。

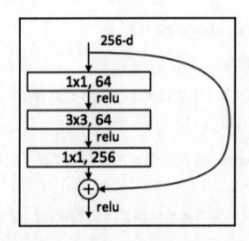

图 6.15　ResNet 模块

该模块的卷积部分包括将特征值从 256 减少到 64，一个 3×3 的滤波层保留特征值，以及通过 64×256 个参数增强 1×1 层的特征。最初，它包含了 100 多个层。但在最近的开发中，ResNet 也被用于深度小于 30 的层中，但分布更广。

现在已经大致了解了近年来卷积神经网络的发展，接下来看一看它们的主要应用类型。

6.2.2　深度卷积神经网络解决的问题类型

卷积神经网络在过去被用来解决各种各样的问题。下面回顾一下它们的主要问题类型，并对体系结构进行简要的介绍。

- 分类（Classification）。

- 检测（Detection）。

- 分割（Segmentation）。

1．分类

正如前面看到的，分类模型将图像或其他类型的输入作为参数，并返回一个数组，其中包含尽可能多的元素和类，每个类都有相应的概率。

这种类型的解决方案的常规框架是复杂的卷积层和池化层的组合，最后是逻辑层，显示所有预训练类的概率。

2．检测

检测的复杂度有所增加，因为它需要猜测与图像相关的一个或多个元素的位置，然后尝试对这些信息元素进行分类。

对于这个任务，个体定位问题的一个常见策略是将分类和回归问题结合起来——一个（分类）用于对象的类，另一个（回归）用于确定被检测对象的坐标，然后将损失合并成一个。

对于多个目标，第一步是确定感兴趣的区域，寻找图像中根据统计信息属于同一个对象的区域。然后只应用分类算法来检测区域，寻找具有高概率的对象。

3．分割

分割添加了额外的层的复杂度，因为模型必须定位图像中的元素并标记所有定位对象的精确形状，如图 6.16 所示。

完成这项任务的一种常见方法是顺序执行下采样和上采样操作，恢复一个高分辨率图像。每个像素只有一定数量的可能结果，标记该元素的类号。

图 6.16 分割

6.3 使用 Keras 部署一个深度神经网络

本练习中，将生成前面描述的 Inception 模型实例，由 Keras 应用程序库提供。首先，导入所有必需的库，包括 Keras 模型处理、图像预处理库、用于优化变量的梯度下降以及一些 Inception 实用程序。另外，将使用 OpenCV 库来调整新的输入图像，以及常用的 NumPy 和 Matplotlib 库。代码如下。

```
from keras.models import Model
from keras.preprocessing import image
from keras.optimizers import SGD
from keras.applications.inception_v3 import InceptionV3,
decode_predictions, preprocess_input

import matplotlib.pyplot as plt
import numpy as np
import cv2
```

```
Using TensorFlow backend.
```

Keras 让加载模型变得非常简单。读者只需要调用一个 Inception V3 的新实例，然后再分配一个基于随机梯度下降的优化器以及损失的分类交叉熵，这非常适合图像分类问题。代码如下。

```
model=InceptionV3()
model.compile(optimizer=SGD(), loss='categorical_crossentropy')
```

现在，模型已经加载到内存中，可以使用 cv 库加载和调整照片。然后调用 Keras 应用程序对输入进行预处理，进行归一化操作。代码如下。

```
# resize into VGG16 trained images' format
im = cv2.resize(cv2.imread('blue_jay.jpg'), (299, 299))
im = np.expand_dims(im, axis=0)
im = im /255.
im = im - 0.5
im = im * 2
plt.figure (figsize=(10,10))
plt.imshow(im[0], cmap=plt.get_cmap('binary_r'))
plt.show()
```

图 6.17 为经过归一化后的样子——注意我们对图像的结构理解发生了变化，但从模型的角度来看，这是让模型收敛的最好方法。代码如下。

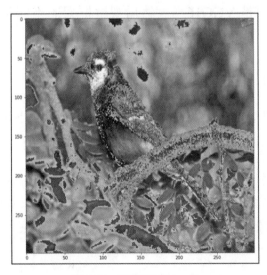

图 6.17　图像经过归一化

现在，将调用模型的 `predict` 方法，它将显示神经网络最后一层的结果——每种类别的概率数组。`decode_predictions` 读取一个字典，其中所有的类别号作为索引，类别名称作为值。因此，它提供了被检测项目分类的名称，而不是编号。代码如下。

```
out = model.predict(im)
print('Predicted:', decode_predictions(out, top=3)[0])
print (np.argmax(out))

Predicted: [('n01530575', 'brambling', 0.18225007), ('n01824575', 'coucal',
0.13728797), ('n01560419', 'bulbul', 0.048493069)]
10
```

正如读者所看到的，通过这个简单的方法，从一组相似的鸟类中得到了一个非常近似的预测。对输入图像和模型本身的额外调优可能会得到更精确的答案，因为 blue jay 是包含在 1 000 个可能类中的一个类别。

6.4　用 Quiver 开发卷积模型

在这个实际示例中，将在 Keras 库和 Quiver 的帮助下加载之前研究过的模型之一（在本例中是 VGG16[①]）。然后观察框架的不同阶段，以及不同层在特定输入下是如何工作的。

6.4.1　用 Quiver 开发卷积网络

Quiver 是一个非常便捷的工具，可在 Keras 的帮助下用于开发模型。它创建了一个可以通过 Web 浏览器访问的服务器，并允许模型结构的可视化，而且支持从输入层到最终预测的输入图像的评估。

通过以下这段代码，创建一个 VGG16 模型实例。然后通过 Quiver 读取当前目录上的所有图像，并启动一个 Web 应用程序，该应用程序将允许使用者

---

① 原文为 VGG19，根据上下文判断应为 VGG16。——译者注

与模型及其参数进行交互。代码如下。

```
from keras.models import Model
from keras.preprocessing import image
from keras.optimizers import SGD
from keras.applications.vgg16 import VGG16
import keras.applications as apps

model=apps.vgg16.VGG16()

from quiver_engine.server import launch
launch(model,input_folder=".")
```

脚本将下载 VGG16 模型的权值（读者需要建立一个高速连接，因为它的权值有几百兆字节）。然后在内存中加载模型，并在端口 5 000 上创建一个监听服务器。

说明

由于在 Keras 库下载的模型权值之前已经通过 Imagenet 进行了充分的训练，因此可以在数据集的 1 000 个类别上获得非常高的精确性。

图 6.18 显示了加载 Web 应用程序索引页后看到的第一个界面。左边显示了网络框架的交互式图形界面。在右侧，读者可以在当前目录中选择一张图片，应用程序自动将其作为输入，打印输入的最可能结果。

屏幕快照还显示了第一个网络层，它由 3 个矩阵组成，分别表示原始图像的红、绿、蓝元素。

然后，进入模型层，首先看到的是卷积层，如图 6.19 所示。这里，读者可以看到，在这个阶段高级特征得到加强。比如用 3×3 滤波器设置的功能，对不同类型的边框、亮度和对比度进行加强。

图 6.18　屏幕快照

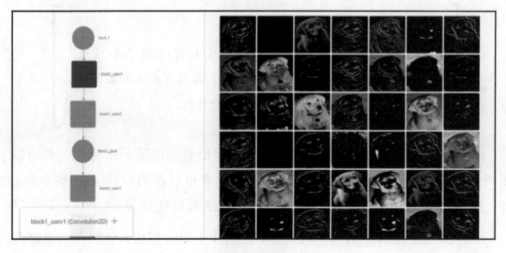

图 6.19　卷积层

　　然后可以看到一个不关注全局特性的中间层，如图 6.20 所示。它训练了中间特征，例如不同的纹理、角度或特征，例如眼睛和鼻子。

　　当到达最后的卷积层时，出现了真正抽象的概念，如图 6.21 所示。这个阶段展示了现在训练的模型是多么的强大。因为现在看到的被加强的元素，没有任何实际意义。这些新的抽象类别经过一些全连接层之后，将得到最终的结果。这是一个包含浮点概率值的 1 000 个元素数组，它对应 ImageNet 中的每个类别的概率值。

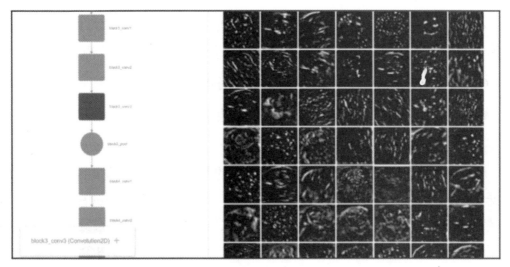

图 6.20　中间层

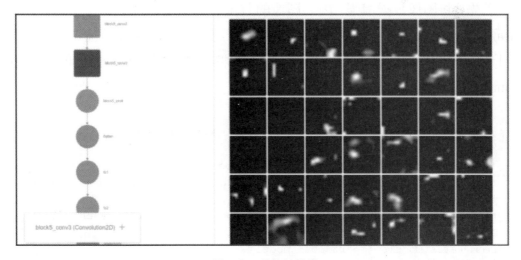

图 6.21　最终的结果

希望读者能够探索不同的示例和层的输出，并尝试发现它们如何突出不同类别图像的不同特征。现在是时候研究一种新型的机器学习了，它可以应用训练过的网络来研究新的问题。这就是**迁移学习**（**Transfer Learning**）。

6.4.2　迁移学习的实现

本例将实现前面看到的一个示例，替换预训练卷积神经网络的最后阶段，并为一组新元素训练最后阶段，将其应用于分类。它有以下优点。

- 它建立在模型上，保证图像分类任务的性能。

- 它减少了训练时间，因为可以精确地重用系数。这本来需要数周的计算才能达到。

数据集的类别来自 flower17 数据集中的两种不同的花卉类型。flower17 数据集是一个包含 17 种花卉类别的数据集，每个类别有 80 幅图像，所选的花是英国一些常见的花。这些图像具有大比例尺、姿态和光的变化，也有图像变化较大且与其他类相似的类。在本例中，本书将收集前两个类（daffodil 和 coltsfoot），并在预训练的 VGG16 网络上构建一个分类器。

首先，将图像数据增强。因为图像的数量可能不足以抽象出每个物种的所有元素。从导入所有必需的库开始，包括应用程序、预处理、检查点模型和用于保存中间步骤的相关对象，以及用于图像处理和基本数字操作的 cv2 和 NumPy 库。代码如下。

```
from keras import applications
from keras.preprocessing.image import ImageDataGenerator
from keras import optimizers
from keras.models import Sequential, Model
from keras.layers import Dropout, Flatten, Dense, GlobalAveragePooling2D
from keras import backend as k
from keras.callbacks import ModelCheckpoint, LearningRateScheduler,
TensorBoard, EarlyStopping
from keras.models import load_model
from keras.applications.vgg16 import VGG16,
decode_predictions,preprocess_input
import cv2
import numpy as np
```

```
Using TensorFlow backend.
```

在本节中，将定义影响输入、数据源和训练参数的所有变量。代码如下。

```
img_width, img_height = 224, 224
train_data_dir = "train"
validation_data_dir = "validation"
nb_train_samples = 300
nb_validation_samples = 100
batch_size = 16
epochs = 50
```

调用 VGG16 预训练模型，不包括顶部的扁平层。代码如下。

```
model = applications.VGG16(weights = "imagenet", include_top=False,
input_shape = (img_width, img_height, 3))

# Freeze the layers which you don't want to train. Here I am freezing the
first 5 layers.
for layer in model.layers[:5]:
    layer.trainable = False

#Adding custom Layers
x = model.output
x = Flatten()(x)
x = Dense(1024, activation="relu")(x)
x = Dropout(0.5)(x)
x = Dense(1024, activation="relu")(x)
predictions = Dense(2, activation="softmax")(x)

# creating the final model
model_final = Model(input = model.input, output = predictions)
```

编译模型，为训练和测试数据集创建图像数据增强对象。代码如下。

```
# compile the model
model_final.compile(loss = "categorical_crossentropy", optimizer =
optimizers.SGD(lr=0.0001, momentum=0.9), metrics=["accuracy"])

# Initiate the train and test generators with data Augumentation
train_datagen = ImageDataGenerator(
rescale = 1./255,
horizontal_flip = True,
```

```
fill_mode = "nearest",
zoom_range = 0.3,
width_shift_range = 0.3,
height_shift_range=0.3,
rotation_range=30)

test_datagen = ImageDataGenerator(
rescale = 1./255,
horizontal_flip = True,
fill_mode = "nearest",
zoom_range = 0.3,
width_shift_range = 0.3,
height_shift_range=0.3,
rotation_range=30)
```

生成新的增强数据。代码如下。

```
train_generator = train_datagen.flow_from_directory(
train_data_dir,
target_size = (img_height, img_width),
batch_size = batch_size,
class_mode = "categorical")

validation_generator = test_datagen.flow_from_directory(
validation_data_dir,
target_size = (img_height, img_width),
class_mode = "categorical")

# Save the model according to the conditions
checkpoint = ModelCheckpoint("vgg16_1.h5", monitor='val_acc', verbose=1,
save_best_only=True, save_weights_only=False, mode='auto', period=1)
early = EarlyStopping(monitor='val_acc', min_delta=0, patience=10,
verbose=1, mode='auto')

Found 120 images belonging to 2 classes.
Found 40 images belonging to 2 classes.
```

为模型加上新的最终层。代码如下。

```
model_final.fit_generator(
train_generator,
samples_per_epoch = nb_train_samples,
nb_epoch = epochs,
```

```
validation_data = validation_generator,
nb_val_samples = nb_validation_samples,
callbacks = [checkpoint, early])


Epoch 1/50
288/300 [============================>..] - ETA: 2s - loss: 0.7809 - acc:
0.5000


/usr/local/lib/python3.5/dist-packages/Keras-1.2.2-
py3.5.egg/keras/engine/training.py:1573: UserWarning: Epoch comprised more
than 'samples_per_epoch' samples, which might affect learning results. Set
'samples_per_epoch' correctly to avoid this warning.
 warnings.warn('Epoch comprised more than '



Epoch 00000: val_acc improved from -inf to 0.63393, saving model to
vgg16_1.h5
304/300 [==============================] - 59s - loss: 0.7802 - acc:
0.4934
   - val_loss: 0.6314 - val_acc: 0.6339
Epoch 2/50
296/300 [=============================>.] - ETA: 0s - loss: 0.6133 - acc:
0.6385Epoch 00001: val_acc improved from 0.63393 to 0.80833, saving model
to vgg16_1.h5
312/300 [==============================] - 45s - loss: 0.6114 - acc:
0.6378 - val_loss: 0.5351 - val_acc: 0.8083
Epoch 3/50
288/300 [============================>..] - ETA: 0s - loss: 0.4862 - acc:
0.7986Epoch 00002: val_acc improved from 0.80833 to 0.85833, saving model
to vgg16_1.h5
304/300 [==============================] - 50s - loss: 0.4825 - acc:
0.8059
   - val_loss: 0.4359 - val_acc: 0.8583
Epoch 4/50
296/300 [=============================>.] - ETA: 0s - loss: 0.3524 - acc:
0.8581Epoch 00003: val_acc improved from 0.85833 to 0.86667, saving model
to vgg16_1.h5
312/300 [==============================] - 48s - loss: 0.3523 - acc:
0.8590 - val_loss: 0.3194 - val_acc: 0.8667
Epoch 5/50
288/300 [============================>..] - ETA: 0s - loss: 0.2056 - acc:
0.9549Epoch 00004: val_acc improved from 0.86667 to 0.89167, saving model
to vgg16_1.h5
```

```
304/300 [==============================] - 45s - loss: 0.2014 - acc:
0.9539
  - val_loss: 0.2488 - val_acc: 0.8917
  Epoch 6/50
  296/300 [=============================>.] - ETA: 0s - loss: 0.1832 - acc:
0.9561Epoch 00005: val_acc did not improve
  312/300 [==============================] - 17s - loss: 0.1821 - acc:
0.9551 - val_loss: 0.2537 - val_acc: 0.8917
  Epoch 7/50
  288/300 [============================>..] - ETA: 0s - loss: 0.0853 - acc:
0.9792Epoch 00006: val_acc improved from 0.89167 to 0.94167, saving model
to vgg16_1.h5
  304/300 [==============================] - 48s - loss: 0.0840 - acc:
0.9803
  - val_loss: 0.1537 - val_acc: 0.9417
  Epoch 8/50
  296/300 [=============================>.] - ETA: 0s - loss: 0.0776 - acc:
0.9764Epoch 00007: val_acc did not improve
  312/300 [==============================] - 17s - loss: 0.0770 - acc:
0.9776 - val_loss: 0.1354 - val_acc: 0.9417
  Epoch 9/50
  296/300 [=============================>.] - ETA: 0s - loss: 0.0751 - acc:
0.9865Epoch 00008: val_acc did not improve
  312/300 [==============================] - 17s - loss: 0.0719 - acc:
0.9872 - val_loss: 0.1565 - val_acc: 0.9250
  Epoch 10/50
  288/300 [============================>..] - ETA: 0s - loss: 0.0465 - acc:
0.9931Epoch 00009: val_acc did not improve
  304/300 [==============================] - 16s - loss: 0.0484 - acc:
0.9901
  - val_loss: 0.2148 - val_acc: 0.9167
  Epoch 11/50
  296/300 [=============================>.] - ETA: 0s - loss: 0.0602 - acc:
0.9764Epoch 00010: val_acc did not improve
  312/300 [==============================] - 17s - loss: 0.0634 - acc:
0.9744 - val_loss: 0.1759 - val_acc: 0.9333
  Epoch 12/50
  288/300 [============================>..] - ETA: 0s - loss: 0.0305 - acc:
0.9931
```

用水仙花图像来测试一下新的模型。测试分类器的输出，它应该输出一个接近[1,0]的数组。这表明第一个选项的概率非常高。代码如下。

```
im = cv2.resize(cv2.imread('test/gaff2.jpg'), (img_width, img_height))
im = np.expand_dims(im, axis=0).astype(np.float32)
im=preprocess_input(im)


out = model_final.predict(im)

print (out)
print (np.argmax(out))

[[  1.00000000e+00   1.35796010e-13]]
0
```

所以，对于这种花，有一个明确的答案。读者可以使用新图像，并使用剪切或扭曲的图像测试模型，甚至使用相关类来测试精度的级别。

6.5 小结

本章对卷积神经网络进行了深入研究，正是这项技术让人们每天都能在媒体上看到惊人的新应用。此外，通过提供实际的示例，读者甚至可以创建新的定制解决方案。

由于本书的模型不足以解决非常复杂的问题，因此在第7章中，范围将进一步扩大，将时间这一重要维度添加到元素集合中。

第 7 章
循环神经网络

了解了当前深度学习的发展状况，就已经接近了机器学习的前沿领域。本章中，将通过目前被称为循环神经网络（Recurrent Neural Networks，RNN）的一系列算法，为机器学习模型加入一个非常特别的维度（时间，即输入序列）。

7.1　按顺序解决问题——RNN

在前面的章节中，介绍了一系列的模型，从简单到复杂，这些模型都有一些共同的属性。

- 接受唯一且独立的输入。

- 输出数据维度唯一并固定。

- 输出仅依赖于当前输入的特性，与过去或之前的输入无关。

现实中，大脑处理信息片段的过程具有内在的结构和顺序，人类感知到的现象结构和顺序也会影响信息的处理过程。类似的例子包括语言理解（单词在句子中的顺序）、视频序列（视频中帧的顺序），以及语言翻译。这些都促成了新模型的诞生。最重要的一部分模型都利用到了 RNN。

7.1.1 RNN 的定义

RNN 是一种输入和输出都有相应序列的人工神经网络（Artificial Neural Network，ANN）。正式的定义可以描述如下。

"循环神经网络表示固定维度的高维向量序列（称为隐藏状态），通过复杂的非线性函数与新的观察值结合。"

RNN 具有很强的表达性，能够进行任意存储大小的计算，因此，通过配置，RNN 在复杂的序列处理任务上可以达到非常优秀的性能。

序列类型

无论在输入还是输出范畴内，RNN 都要基于序列模型工作。因此，可以采用所有可能的序列组合来解决不同种类的问题。如图 7.1 所示，描述了目前使用的主要序列结构，后续递归循环也会参考这些结构。

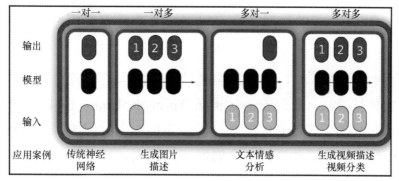

图 7.1 序列模型的种类

7.1.2 RNN 的发展

RNN 的起源与其他现代神经网络惊人地相似，可以追溯到 20 世纪 80 年代的 Hopfield 网络，但其在 20 世纪 70 年代就已有所发展。

循环网络的迭代结构如图 7.2 所示。

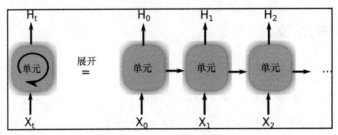

图 7.2　循环网络单元展开

经典 RNN 节点拥有连接到自身的一个循环链接，因此，可以将权值作为输入序列的一部分。另外，在图 7.2 的右侧，可以看到展开后的网络基于内部的模型产生一系列的输出。将当前输入事件以激活的形式保存（短期记忆，与长期记忆相反，体现在权重的缓慢变化上）。这对很多应用有重要的潜在意义，包括语音处理、音乐合成（例如 Mozer，1992）、自然语言处理（Natural Language Processing，NLP）以及其他众多领域。

1．训练方法——后向传播

在研究了相当数量的模型之后，有可能会观察到这些模型训练步骤的一些共有模式。

对循环神经网络来说，常用的损失最小化技术是著名的后向传播算法的变种，后向传播算法（Backpropagation Through Time，BPTT）采用将所有输入时间步展开的方式工作。每个时间步包括输入时间步、整个网络的一个副本、一个输出。计算并累加每个时间步的损失，最后将整个网络卷起，并更新权值。

从空间上看，循环神经网络展开后的每个时间步可以看作是单独的一层，每个时间步之间存在依赖关系，每个时间步的输出都是其下一个时间步的输入。这导致了复杂的训练性能需求，因此，诞生了时间截断的反向传播算法。

下面的伪代码描述了整个过程。

```
Unfold the network to contain k instances of the cell
While (error < ε or iteration>max):
    x = zeros(sequence_legth)
```

```
for t in range (0, n-sequence_length)  # initialize the weights
    copy sequence_length input values into the input x
    p = (forward-propagate the inputs over the whole unfolded
network)
    e = y[t+k] - p;            # calculate error as target
- prediction
    Back-propagate the error e, back across the whole unfolded
network
    Sum the weight changes in the k model instances together.
        Update all the weights in f and g.
        x = f(x, a[t]);    # compute new input for the next
time- step
```

2. 传统 RNN 的主要问题——梯度爆炸和消失

事实证明，训练 RNN 网络是很困难的，特别是对复杂的长距离问题——通过正确的配置，RNN 或许是最有用的。由于潜在优势还未发挥出来，因此解决 RNN 训练难度的方法就显得尤为重要。

目前广泛用于学习短期记忆输入内容的算法需要耗费大量的时间，有时甚至无法工作，特别当输入和相应信号的最小时间间隔很长时。虽然理论上很迷人，但通过传统前向网络，现有的方法在实践中没有优势。

RNN 的一个主要问题出现在后向传播阶段。考虑到其循环特性，损失后向传播的步数相当于一个深度非常深的网络。这种梯度的级联计算可能会导致在最后阶段梯度值非常小，或者相反，导致参数漫无边界的不断增大。这种现象被称为梯度消失和爆炸。这也是导致产生 LSTM 的原因之一。

传统 BPTT 的问题是损失信号在后向传播过程中要么爆炸式增加，要么消失——后向传播损失随着时间的变化指数性地依赖于权值大小。这有可能会导致权值振荡，或者耗费大量时间，甚至根本无法工作。

为解决梯度消失或爆炸问题，研究者进行了大量不同的尝试，最终在 1997 年，Schmidhuber 和 Sepp 发布了一篇关于 RNN 和 LSTM 的基础研究论文，为这一领域的发展铺平了道路。

7.2　LSTM

LSTM 是 RNN 的基本步骤，它将长期依赖性地引入 RNN 单元。展开后的单元包括两种不同的参数：一种是长期状态，另一种表示短期记忆。

每步之间，长期状态会遗忘不太重要的信息，同时增加经过过滤的来自短期记忆的事件信息，并将两者结合后输出到后续步骤。

LSTM 在其可能的应用中是非常灵活的，与 GRU 一样，都是被广泛应用的循环模型，GRU 将在后面介绍。为方便理解 LSTM 的工作过程，下面会将其按组成单元进行分解。

7.2.1　门和乘法运算

LSTM 有两类基本的功能：记住当前重要的事情，缓慢遗忘过去不重要的事情。有哪种机制可以实现这种过滤功能？这种运算被称为门运算。

门运算的基本元素包括一个多元向量和一个过滤向量，过滤向量与输入值点乘，以允许或拒绝某些输入元素被传输。如何调整门过滤器呢？这个多元控制向量（在图 7.3 中用箭头表示）通过 sigmoid 激活函数与神经网络层相连。控制向量通过 sigmoid 激活函数后将产生类似二进制的输出。

在图 7.3 中，用一系列开关表示门。

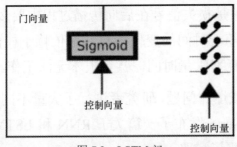

图 7.3　LSTM 门

此过程中另外一个重要的部分是乘法运算，将训练过的过滤器正规化，将输入与门向量相乘。图 7.4 中的箭头图标表示过滤后的信号传输方向。

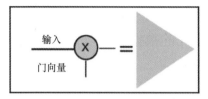

图 7.4 门相乘运算

下面进一步具体讲述 LSTM 各单元的细节。

LSTM 包含 3 个门，用于保护和控制单元状态：一个位于数据流的起始位置，另一个位于中间，最后一个位于单元信息边界的尾部。这个运算过程允许丢弃低重要性（期望不重要）的状态数据，并将新的数据（期望重要）与当前状态结合。

图 7.5 显示了 LSTM 单元内部运算的概念。以下信息将被作为输入。

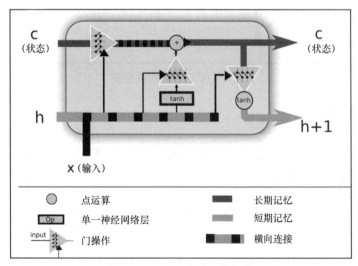

图 7.5 LSTM 单元及其组件

● 单元状态，保存有长期信息，因为其装载了自初始单元以来的训练优化后的权值。

● 短期状态，$h(t)$，在每次迭代时直接与当前状态结合，所以对最新的输入值有重要影响。

下面，介绍 LSTM 单元的数据流，以便更好地理解 LSTM 单元中不同的门和运算是如何协同工作的。

7.2.2　设置遗忘参数（输入门）

在这一阶段，将来自短期记忆的值和输入结合（见图 7.6），结果输出给一个用多变量 Sigmoid 函数表示的二进制函数。根据输入和短期记忆值，Sigmoid 函数会过滤掉用单元状态权值表示的长期知识。

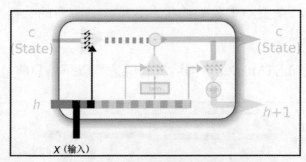

图 7.6　状态遗忘参数设置

7.2.3　设置保持参数

下面通过设置过滤器，允许或拒绝新数据与短期记忆结合后的值进入单元的半永久状态，如图 7.7 所示。

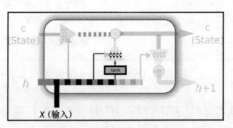

图 7.7　短期值选择性设置

在这一阶段，将决定多少全新和半新的信息结合并进入单元新的状态。

7.2.4 修改单元

在序列的这一部分，通过配置过的信息过滤器传输相关信息，最终将得到更新后的长期状态值。

为了将新的信息和短期信息归一化，将新的输入和短期状态通过 tanh 激活函数输入神经网络。这将确保输入的新信息归一化到[−1，1]范围，如图 7.8 所示。

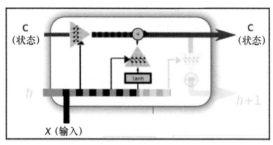

图 7.8 状态持续改变的过程

7.2.5 输出过滤后的单元状态

接下来介绍短期状态。这里也需要用到经过新数据和之前的短期状态配置的过滤器，长期状态可以通过过滤器与 tanh 函数点乘，再次将信息归一化到[−1，1]的范围内，如图 7.9 所示。

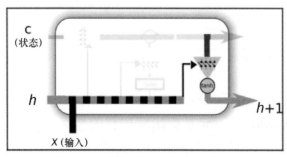

图 7.9 新的短期状态产生过程

7.3　采用电能消耗数据预测单变量时间序列

在接下来的例子中，将解决回归领域的一个问题。因此，使用两个 LSTM 创建一个多层 RNN。即将进行的回归类型属于多对一型，因为网络将收到电能消耗的数据序列，并尝试基于前面 4 个记录数据预测接下来的值。

本案例中采用的数据集来自一个家庭某段时间的电能消耗记录。可以推断，家庭电能消耗有很多规律可以遵循（比如居住者采用微波炉准备早餐以及整天使用计算机时，电能消耗将增加。下午会有一点下降，然后晚上会增加，因为所有灯都会打开，最后在零点左右开始下降，因为这时居住者已经休息了）。

首先加载必要的库文件，并初始化相应的环境变量，代码如下。

```
%matplotlib inline
%config InlineBackend.figure_formats = {'png', 'retina'}

import numpy as np
import pandas as pd
import tensorflow as tf
from matplotlib import pyplot as plt

from keras.models import Sequential
from keras.layers.core import Dense, Activation
from keras.layers.recurrent import LSTM
from keras.layers import Dropout

Using TensorFlow backend.
```

数据集的描述和加载

本例中，使用电力负荷图数据集（Electricity Load Diagrams Data Sets），数据来自 Artur Trindade。下面是原始数据集的描述。

"数据集没有缺失值。

"数据是每 15 分钟的 kW 值。除以 4 可以将数据转换为 kWh 数据。每列代表一个客户。有些客户是 2011 年之后创建的。这种情况下，将之前的电能消耗数据默认为是 0。

"所有时间标签为葡萄牙的小时数。每天有 96 条记录（24×15）。每年 3 月份时间切换日（这一天只有 23 小时），上午 1:00～2:00 之间的所有记录为 0。每年十月也是时间切换日（这一天有 25 小时），上午 1:00～2:00 之间的电能消耗按 2 个小时统计。"

为简化模型描述，采用一个客户完整的测量数据，并将其转换成标准的 CSV 格式。数据位于本章代码目录下的 data 子目录。

因此，首先从数据集中加载同一个家庭的 1 500 条电能消耗记录。

```
df = pd.read_csv("data/elec_load.csv", error_bad_lines=False)
plt.subplot()
plot_test, = plt.plot(df.values[:1500], label='Load')
plt.legend(handles=[plot_test])
```

图 7.10 显示了即将应用于模型的数据子集。

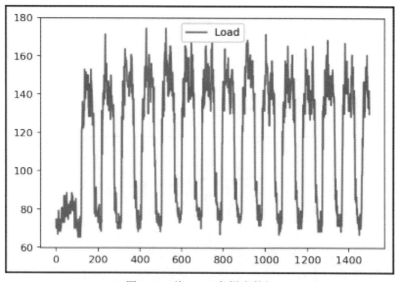

图 7.10 前 1 500 条样本数据

查看这些数据的图示（采用了最开始的 1 500 条样本），可以看到初始的状态，这可能是刚开始测量时的记录值，然后可以看到清晰的电能消耗的高低周期变化。通过简单的观察，可以看到每个周期大致有 100 条记录，非常接近数据集所拥有的每天 96 条记录。

数据集预处理

为了确保后向传播算法能更好地覆盖数据集，需要将输入数据归一化。采用经典的缩放和对中技术，减去平均值，并使用最大值的 floor()函数对数据缩放。使用 Pandas 的 describe()方法得到需要的值。

```
print(df.describe())
array=(df.values - 145.33) /338.21
plt.subplot()
plot_test, = plt.plot(array[:1500], label='Normalized Load')
plt.legend(handles=[plot_test])
```

```
             Load
count  140256.000000
mean      145.332503
std        48.477976
min         0.000000
25%       106.850998
50%       151.428571
75%       177.557604
max       338.218126
```

图 7.11 所示为归一化后的数据。

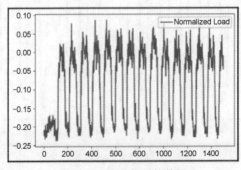

图 7.11　归一化后的数据

在这一步中，将准备输入数据集，需要输入值 *x*（前面 5 个值）以及对应的输入值 *y*（5 个时间步后的值）。然后，将其中 13 000 个数据分配给训练数据集，将随后的 1 000 个样本分配给测试集。

```
listX = []
listy = []
X={}
y={}

for i in range(0,len(array)-6):
    listX.append(array[i:i+5].reshape([5,1]))
    listy.append(array[i+6])

arrayX=np.array(listX)
arrayy=np.array(listy)

X['train']=arrayX[0:13000]
X['test']=arrayX[13000:14000]

y['train']=arrayy[0:13000]
y['test']=arrayy[13000:14000]
```

下面开始创建模型，模型拥有两个 LSTM 和一个位于最后的 dropout 层。

```
#Build the model
model = Sequential()

model.add(LSTM( units=50, input_shape=(None, 1), return_sequences=True))

model.add(Dropout(0.2))

model.add(LSTM( units=200, input_shape=(None, 100),
return_sequences=False))
model.add(Dropout(0.2))

model.add(Dense(units=1))
model.add(Activation("linear"))

model.compile(loss="mse", optimizer="rmsprop")
```

运行模型并调整权值。模型将使用数据集中 8%的数据作为验证集。

```
#Fit the model to the data

model.fit(X['train'], y['train'], batch_size=512, epochs=10,
validation_split=0.08)

Train on 11960 samples, validate on 1040 samples
Epoch 1/10
11960/11960 [==============================] - 41s - loss: 0.0035 -
val_loss: 0.0022
Epoch 2/10
11960/11960 [==============================] - 61s - loss: 0.0020 -
val_loss: 0.0020
Epoch 3/10
11960/11960 [==============================] - 45s - loss: 0.0019 -
val_loss: 0.0018
Epoch 4/10
11960/11960 [==============================] - 29s - loss: 0.0017 -
val_loss: 0.0020
Epoch 5/10
11960/11960 [==============================] - 30s - loss: 0.0016 -
val_loss: 0.0015
Epoch 6/10
11960/11960 [==============================] - 28s - loss: 0.0015 -
val_loss: 0.0013
Epoch 7/10
11960/11960 [==============================] - 43s - loss: 0.0014 -
val_loss: 0.0012
Epoch 8/10
11960/11960 [==============================] - 37s - loss: 0.0013 -
val_loss: 0.0013
Epoch 9/10
11960/11960 [==============================] - 31s - loss: 0.0013 -
val_loss: 0.0012
Epoch 10/10
11960/11960 [==============================] - 25s - loss: 0.0012 -
val_loss: 0.0011


<keras.callbacks.History at 0x7fa435512588>
```

重新调整后，查看模型预测的值，与真实值比较，真实值并没有参与模型训练，进一步理解模型是如何预测并生成样本家庭的行为的。

```
# Rescale the test dataset and predicted data

test_results = model.predict( X['test'])

test_results = test_results * 338.21 + 145.33
y['test'] = y['test'] * 338.21 + 145.33

plt.figure(figsize=(10,15))
plot_predicted, = plt.plot(test_results, label='predicted')

plot_test, = plt.plot(y['test'] , label='test');
plt.legend(handles=[plot_predicted, plot_test]);
```

图 7.12 所示为最终经回归后的数据。

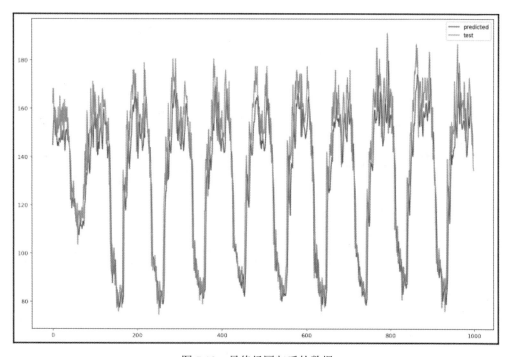

图 7.12　最终经回归后的数据

7.4　小结

在本章中，视野进一步得到扩展，将时间这一重要维度添加到泛化的元素中。基于真实数据，学习了如何应用 RNN 解决实际的问题。

如果读者已经掌握了所有可能的选项，也可以进一步了解很多种类的模型。

在随后的章节中，将讨论其他重要的架构，这些架构经过训练，可用于生成更聪明的元素，例如，将著名画家的风格转移到一幅图片上，甚至玩视频游戏！请继续阅读后续关于强化学习和生成对抗网络的章节。

第 8 章
近期的新模型及其发展

本书在之前的章节中探讨了大量的 ML 模型训练机制,从简单通过型机制开始,例如**正向反馈神经网络**（**Feedforward Neural Network**），然后是一些更复杂且更实际的机制,例如接受已知的数据序列作为其训练用数据集的**递归神经网络**（**Recurrent Neural Network,RNN**）。

本章将介绍近期出现的两种新的神经网络,它们将更多现实世界的元素引入其模型。第一种神经网络,不仅使用自身来优化其模型,还通过另一个神经网络同时训练,两个网络通过博弈来互相提高。该网络是**生成对抗网络**（**Generative Adversarial Network,GAN**）。

第二种与之前的完全不同,它通过选择执行任务的最优步骤来最大化其激励,名叫**强化学习**（**Reinforcement Learning,RL**）。

8.1 GAN

GAN 是一种全新的非监督式学习模型,在过去的 10 年中它成为了少数几个打破了机器学习格局的模型之一。它通过使用两个模型在不断迭代中互相竞争,来提升其模型的性能。

这个模型源于监督式学习和博弈论,其主要目标是通过学习,使模型从由同类数据的元素组成的源数据集中生成几近真实的样本。

值得注意的是，GAN 的研究数量几乎是呈指数型增长，如图 8.1 所示。

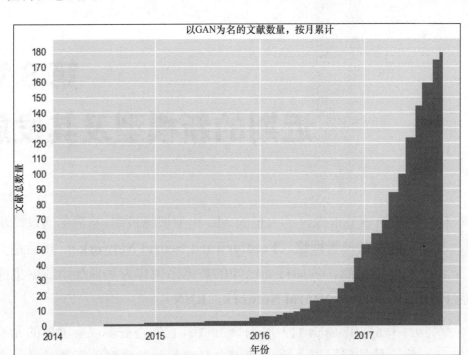

图 8.1　以 GAN 为名的文献数量

GAN 的应用类别

GAN 可以通过已知的样本来生成新的样本，甚至可以补全丢失的数据。

图 8.2 展示了 **LSGAN 架构**通过训练 LSUN 数据集中的 5 种场景所生成的图像，其中包括厨房、教堂、餐厅和会议室。

另一个非常有趣的（GAN 的应用）例子是使用**即插即用生成网络（Plug and Play Generative Network，PPGN）**进行分类条件图像采样，将 227×227 的图像当中缺失的 100×100 像素补全。

图 8.3 对比了 PPGN 及其衍生模型，以及 Photoshop 中与其等价的图像补全功能。

（a）教堂外观　　　　　　　　　　（b）餐厅

（c）厨房　　　　　　　　　　　　（d）会议室

图 8.2　LSGAN 生成的模型

（a）遮挡后的图像　　（b）PPGN　　（c）PPGN-context　　（d）Photoshop

图 8.3　PPGN 图像补全示例

　　PPGN 还可以合成并生成火山的高分辨率（227×227）图像，如图 8.4 所示。这些生成的图像不仅具有几近照片的真实感，更具有繁多的样式。

火山

图 8.4　PPGN 生成的火山样本

　　图 8.5 展示了图形概念处理过程的向量计算。在这种计算中，图像当中的物体作为运算元，可以被加上或者减去，且在特征向量空间里移动。

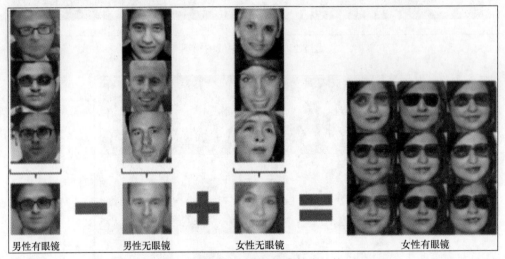

男性有眼镜　　　　男性无眼镜　　　　女性无眼镜　　　　　　　女性有眼镜

图 8.5　特征空间内的向量算术计算

判别模型和生成模型

若要理解对抗网络的概念，首先理解以下两种，与典型 GAN 交互的模型定义。

- **生成器**（**Generator**）：这类模型从某个普通的随机分布（如 N-维高斯分布）中提取样本，然后生成一个点，模型会让这个点看似与 XX 服从相同的分布。换言之，我们可以说这个生成器想要欺骗判别器使其输出 1。从数学的角度上来说，生成器通过学习一个函数，将输入数据(x)映射到某理想的分类标注(y)。从概率的角度上来说，生成器通过输入数据，来学习这些数据的条件分布 $P(y|x)$。生成器将从两个（或两个以上）的分类当中判别模型的所属。例如，一个卷积神经网络通过训练来对输入的人脸图像生成 1，对于其他图像生成 0。

- **判别器**（**Discriminator**）：这类模型用来判别样本数据是从实际数据中被抽取的，还是由生成器生成仿造的。模型之间互相设法击败对方（生成器的目标是欺骗判别器，判别器的目标是不被生成器所欺骗）。

图 8.6 展示了 GAN 的训练过程。

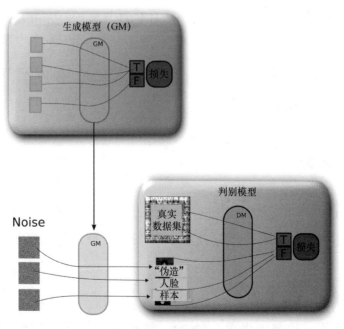

图 8.6　GAN 的训练过程

更正式地说，生成器同时学习输入数据和标签，从而设法学习两者的联合概率，即 $P(x, y)$。那么同时它也有了新的用途，例如生成新的 (x, y) 近似样本。生成器完全不需要任何对于数据类别的理解。与之相对，它的任务是生成新的、服从训练数据分布的数据。

一般情况下，生成器和判别器都被编程为某种神经网络，且被交替训练。其训练目标都可以是可通过梯度下降而被优化的损失函数。

这两种神经网络最终通过互相作用而交替地进行性能提升。生成器可以生成更好的图像，而判别器可以更准确地判断一幅图像是否是合成的。而在实践中，生成器和判别器的互相作用使得模型可以输出非常高质量且接近真实的新图像（例如随机生成的自然环境图像）。

GAN 的主要认知点可总结如下。

- GAN 是一种生成型模型，通过监督式学习来逼近某复杂的损失函数。
- GAN 可以模拟很多损失函数，包括用来进行极大似然估计的损失函数。
- 找到高维、连续、非凸博弈的纳什均衡（Nash Equilibrium）是一个非常重要的开放研究方向。
- 想要使 PPGN 生成以假乱真的、高分辨率的、各种类型的图像，GAN 是一个不可或缺的关键要素。

8.2　强化学习

强化学习这门学科近期又在业界重新出现，并且越来越多地应用于仪器控制、游戏控制以及为情境问题寻找解决方案等需要通过多步骤来解决的问题领域。

强化学习的正式定义如下。

"强化学习是一种智能代理（Agent）所面临的问题，它要求代理必须通过与动态环境的试错交互来对其行为进行学习。"（Kaelbling et al. 1996）。

为了建立所求解问题的参考系，本书将首先介绍**马尔可夫决策过程**（**Markov Decision Process**）这一诞生于 20 世纪 50 年代的数学概念。

8.2.1　马尔可夫决策过程

在介绍强化学习之前，我们先介绍强化学习所能解决的问题类型。

强化学习的目标是寻求马尔可夫决策过程的优化。马尔可夫决策过程是一个数学模型，其主要作用是帮助人们对某些其结果为部分随机、部分受代理控制的问题进行决策。

该模型的主要元素包括**代理**（**Agent**）、**交互环境**（**Environment**）以及**状态**（**State**），如图 8.7 所示。

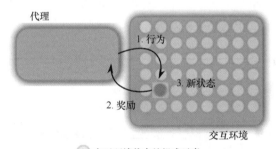

图 8.7　强化学习过程的简化

代理可以进行某些行为（例如将球拍从左侧挪到右侧）。这些行为有时可以产生激励 r_t，而其值可正可负（例如增加或减少得分）。代理的行动会使交互环境产生变化，致使系统产生新的状态 s_{t+1}，于是代理便可进行下一步的行动 a_{t+1}。这一系列的状态、行为和奖励，以及状态迁移所遵循的规则，共同组成了一个马尔可夫决策过程。

决策元素

为了更好地理解所求问题，我们从求解环境的角度来看其主要元素。

- 一组状态。

- 代理的行为，从一个位置移动到另一位置。

- 奖励函数，为边缘到值的映射。

- 策略，由完成任务的方式来表示。

- 一个折现系数，用来规定未来奖励的重要程度。

强化学习与传统的监督式和非监督式学习的区别在于其计算奖励的时机，在强化学习中，奖励的计算不是即时的，它产生于一组活动步骤完成之后。

因此，（系统的）下一状态取决于当前的状态以及决策者所做出的行动，且任一状态不与其之前所有的系统状态相关（系统没有记忆），因此该系统遵循马尔可夫（Markov）性质。

既然这是一个马尔可夫决策过程，那么状态 s_{t+1} 只取决于当前状态 s_t 以及行为 a_t。这个决策的过程如图 8.8 所示。

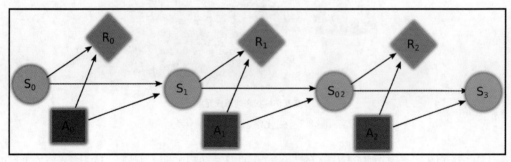

图 8.8　强化学习机制的展开

整个过程的目标是生成一个策略 P 来最大化奖励。训练用数据集为元祖 $<s,a,r>$。

8.2.2　优化马尔可夫过程

强化学习是一种代理与其所在环境的反复迭代的交互过程。以下过程在每一时间节点上发生。

- 过程进入某一状态，决策者在此状态下任意选择可用的行为。

- 过程在下一时间节点上随机进入一个新的状态以便对决策进行回应，并且对决策者给与相应的奖励。

- 过程进入新状态的概率受到决策者所选行为的影响，该行为以状态迁移方程的形式呈现。

8.3 基本强化学习技术：Q 学习

一种著名的强化学习技术，也是本书将提供实例的技术，叫作 Q 学习（**Q-Learning**）。

Q 学习可以用来寻找有限马尔可夫决策过程中任意已知状态下的最优行为。Q 学习设法通过状态 s 下的行为 a 来最大化 Q 函数（Q-Function）的值，Q 函数的值用来表示未来奖励的折现值的最大值。

一旦 Q 函数已知，那么状态 s 下的最优行为 a 即是使 Q 值（Q-Value）最大化的那个。那么即可定义策略π(s)，用来提供任意状态下的最优行为，其表达式如下。

$$\pi^* = \sum_{t \geq 0} \gamma^t r_t$$

我们可以根据迁移点（s_t, a_t, r_t, s_{t+1}）以及下一迁移点（s_{t+1}, a_{t+1}, r_{t+1}, s_{t+2}）来定义 Q 函数，与之前定义未来奖励的折现值之和相似。这个等式被称为 Q 学习的贝尔曼方程（**Bellman Equation for Q-Learning**）。

$$Q^*(s,a) = \max_{\pi} \mathbb{E}\left[\sum_{t \geq 0} \gamma^t r_t \mid s_0 = s, a_0 = a, \pi\right]$$

在实际操作中，我们可将 Q 函数看作一个查询表[叫作 **Q 表**（**Q-Table**）]，表中的行是状态（用 s 表示），列是行为（用 a 表示），表中元素[用 $Q(s, a)$ 表示]是在行（状态）和列（行为）为已知条件下所得的奖励。最优行为是指在任一状态下，产生最高奖励的行为。

伪代码如下。

```
initialize Q-table Q
observe initial state s
while (! game_finished):
    select and perform action a
    get reward r
    advance to state s'
    Q(s, a) = Q(s, a) + α (r + γ max_a' Q(s', a') - Q(s, a))
    s = s'
```

不难看出，这个算法基本上是在对贝尔曼方程进行随机梯度下降，在状态空间（episode）中反向传播奖励，并对多次试验（epoch）进行求平均。其中，α为学习率，用来决定模型应该使用多大的前一 Q 值和新的 Q 值最大值的差值。

图 8.9 阐释了这一过程。

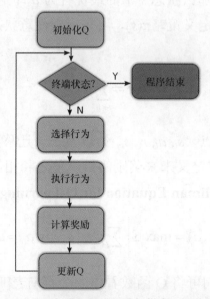

图 8.9　对贝尔曼方程进行随机梯度下降的过程

8.4 小结

本章向读者展示了近期出现的两种重要的创新型架构。无论是从已知的某些类型中提取出新的元素，还到在策略游戏中击败专业玩家，新的生成型和强化型模型，每时每刻都在以更创新的方式应用于实际当中。

在第 9 章中，本书将会提供详尽的操作步骤，来方便读者使用和修改本书中所提供的代码，从而使读者更好地理解从书中学习到的各种概念。

第 9 章
软件安装与配置

欢迎进入到第 9 章的学习，本章将详细介绍如何搭建所需要的开发环境。
本章主要内容包括以下几点。

- Linux 系统中 Anaconda 和 pip 环境安装。

- macOS 系统中 Anaconda 和 pip 环境安装。

- Windows 系统中 Anaconda 环境安装。

下面从 Linux 系统开始逐步介绍。

9.1 Linux 系统环境安装

Linux 是学习机器学习的一种灵活的系统，现有很多发行版本，每个版本
都有特定的包管理器，但具有不同的操作指令，本书只介绍 Ubuntu 16.04 版
本的指令。

Ubuntu 是一种广泛应用的 Linux 发行版，Ubuntu 16.04 LTS 版本得到了发
行方的长期支持，因此本书介绍的基础软件直到 2021 年前都可以正常使用。

Ubuntu 进行科学计算分布的可行性——对机器学习中所需技术提供必要
的支持，且用户数目庞大。

说明

本章中的指令和基于 Debian 发行版中的指令非常相似，变化很少甚至没有变化。

9.1.1 初始配置要求

安装 Python 环境需要以下配置。

- 支持 AMD64 指令的计算机（通常称为 64 位处理器）。
- 能够在云端运行的基于 AMD64 的映像。

说明

在亚马逊云服务平台（Amazon Web Service，AWS）中，合适的亚马逊云机器映像（Amazon Machine Image，AMI）是 ami-cf68e0d8。

9.1.2 Anaconda 安装

安装 Python 的一种非常流行的方式是通过软件包 Anaconda。Anaconda 包括完整的 Python、Scala 和 R 语言操作环境，以及数据科学中广泛使用的包。它还包括通过 conda 提供的许多其他的软件包，conda 是软件包的主要实用程序，用于管理环境、软件包和依赖项。

说明

Anaconda 由 Continuum Analytics（continuum.io）创建和发布，还负责维护包及其依赖项。

为了安装 Anaconda，首先下载安装包 4.2.0 版。

请按照以下步骤在 Linux 上安装 Anaconda。

1）首先运行如下命令。

curl -O https://repo.continuum.io/archive/Anaconda3-4.2.0-Linuxx86_64.sh

输出如图 9.1 所示。

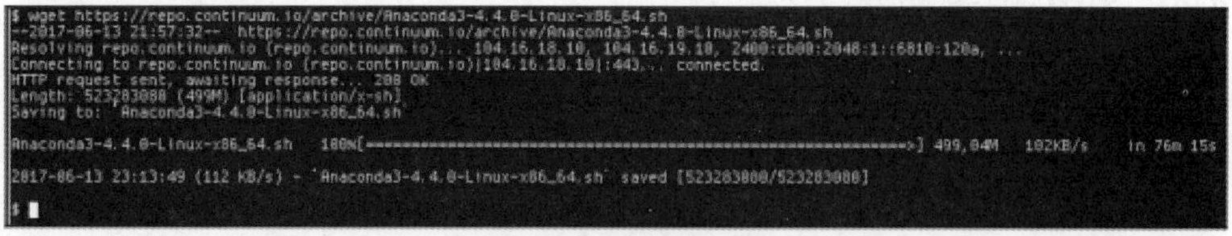

图 9.1　运行命令的输出

2）使用校验和或 SHA-256 类型验证包中数据的完整性。执行此操作的 Linux 命令是 sha256sum。

sha256sum Anaconda3-4.4.0-Linux-x86_64.sh

输出如图 9.2 所示。

图 9.2　运行命令的输出

3）使用 bash 解释器执行安装程序。

bash Anaconda3-4.2.0-Linux-x86_64.sh

输出如图 9.3 所示。

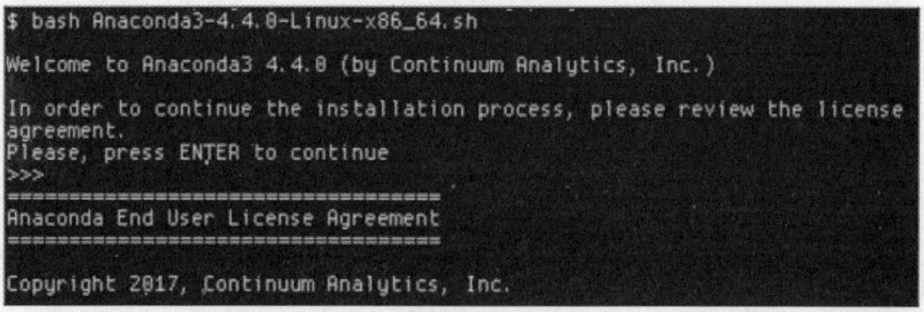

图 9.3　运行命令的输出

4）按 Enter 键后，可以看到许可证，阅读后输入 yes 接受该许可证，如图 9.4 所示。

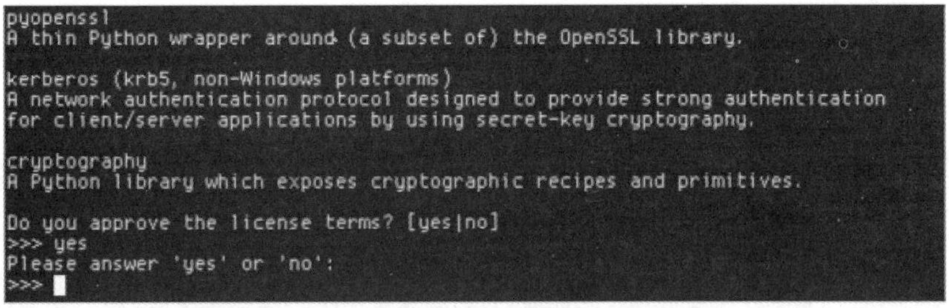

图 9.4　接受许可证

5）选择存储位置并开始安装所有的软件包，如图 9.5 所示。

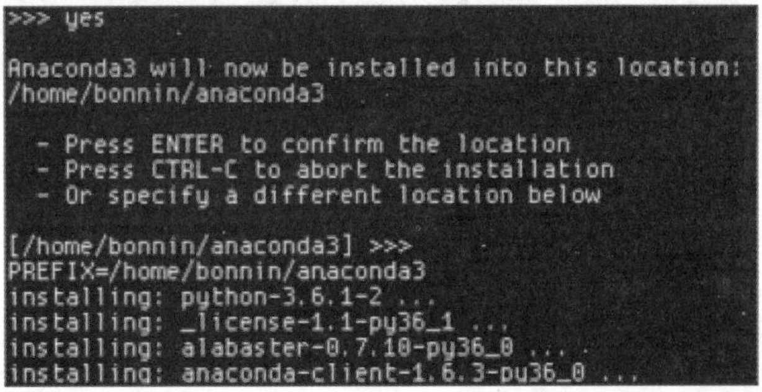

图 9.5　选择存储位置并安装软件包

6）把已安装的 Anaconda 添加到路径中，主要是把库和二进制文件（尤其是 conda 实用程序）集成到系统中。安装完成，如图 9.6 所示。

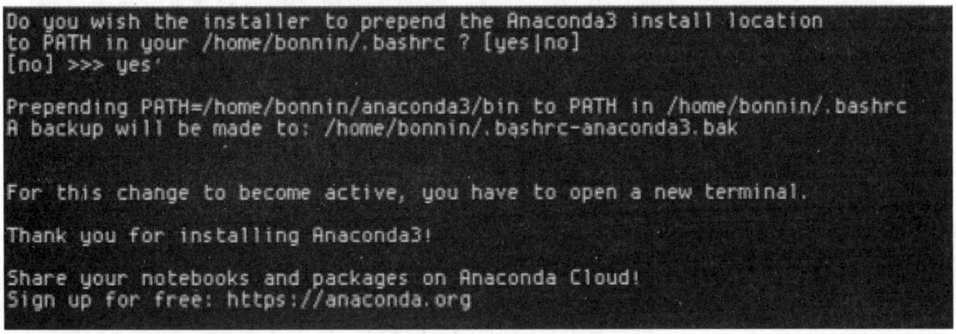

图 9.6　安装完成

7）运行命令，测试当前的 Anaconda 是否安装成功。

```
source ~/.bashrc
conda list
```

输出如图 9.7 所示。

```
$ source ~/.bashrc
$ conda list
# packages in environment at /home/bonnin/anaconda3:
#
_license                  1.1                     py36_1
alabaster                 0.7.10                  py36_0
anaconda                  4.4.0             np112py36_0
anaconda-client           1.6.3                   py36_0
anaconda-navigator        1.6.2                   py36_0
anaconda-project          0.6.0                   py36_0
asn1crypto                0.22.0                  py36_0
astroid                   1.4.9                   py36_0
astropy                   1.3.2             np112py36_0
babel                     2.4.0                   py36_0
backports                 1.0                     py36_0
```

图 9.7　运行命令的输出

8）运行命令，创建 Python 3 环境。

```
conda create --name ml_env python=3
```

输出如图 9.8 所示。

```
$ conda create --name ml_env python=3
Fetching package metadata .........
Solving package specifications: .

Package plan for installation in environment /home/bonnin/anaconda3/envs/ml_env:

The following NEW packages will be INSTALLED:

    openssl:    1.0.2l-0
    pip:        9.0.1-py36_1
    python:     3.6.1-2
    readline:   6.2-2
    setuptools: 27.2.0-py36_0
    sqlite:     3.13.0-0
    tk:         8.5.18-0
    wheel:      0.29.0-py36_0
    xz:         5.2.2-1
    zlib:       1.2.8-3

Proceed ([y]/n)?

openssl-1.0.2l 100% |################################################################
```

图 9.8　运行命令的输出

9）使用 source 命令激活新环境。

source activate ml_env

输出如图 9.9 所示。

图 9.9　运行命令的输出

10）激活环境后，命令提示符前缀将更改。

python --version

输出如图 9.10 所示。

图 9.10　运行命令的输出

11）如果不想再使用该环境，请运行如下命令。

source deactivate

输出如图 9.11 所示。

图 9.11　运行命令的输出

12）检查 conda 环境可以使用 conda 命令。

conda info --envs

输出如图 9.12 所示。

```
$ conda info --envs
# conda environments:
#
ml_env          •          /home/bonnin/anaconda3/envs/ml_env
root                    *  /home/bonnin/anaconda3
```

图 9.12　运行命令的输出

星号（*）表示当前运行环境。

13）运行命令安装其他软件包。

```
conda install --name ml_env numpy
```

输出如图 9.13 所示。

```
$ conda install --name ml_env numpy
Fetching package metadata .........
Solving package specifications: .

Package plan for installation in environment /home/bonnin/anaconda3/envs/ml_env:

The following NEW packages will be INSTALLED:

    mkl:   2017.0.1-0
    numpy: 1.13.0-py36_0

Proceed ([y]/n)?

mkl-2017.0.1-0   31% |############################
```

图 9.13　运行命令的输出

14）使用如下命令删除环境。

```
conda remove --name ml_env --all
```

15）添加剩余的库。

```
conda install tensorflow
conda install -c conda-forge keras
```

9.1.3　pip 安装

本节将使用 pip 包管理器来安装项目所需的所有库。

pip 是 Python 的默认包管理器，具有很多的可用库，几乎包括所有主要的机器学习框架。

1．安装 Python 3 解释器

Ubuntu 16.04 将 Python 2.7 作为其默认解释器。首先是安装 Python 3 解释器和所需的库。

```
sudo apt-get install python3
```

2．安装 pip

使用 Ubuntu 的 apt-get 包管理器安装 python3-pip 包。

```
sudo apt-get install python3-pip
```

3．安装必要的库

执行命令安装其余必需的库，本书中的实际示例需要其中的许多库。

```
sudo pip3 install pandas
sudo pip3 install tensorflow
sudo pip3 install keras
sudo pip3 install h5py
sudo pip3 install seaborn
sudo pip3 install jupyter
```

9.2　macOS X 系统环境安装

现在开始进行 macOS X 系统环境安装了。安装过程与 Linux 系统非常相似，基于 OS X High Sierra 版本。

说明

安装过程需要用户的 sudo 权限。

9.2.1　Anaconda 安装

Anaconda 可以通过图形安装程序或者基于控制台的安装程序进行安装。本节将介绍图形安装程序。首先，下载安装程序包，选择 64 位软件包，如图 9.14

所示。

图 9.14　下载安装程序包

下载安装程序包后，执行安装程序，会看到每步的图形用户界面（Graphical User Interface，GUI），如图 9.15 所示。

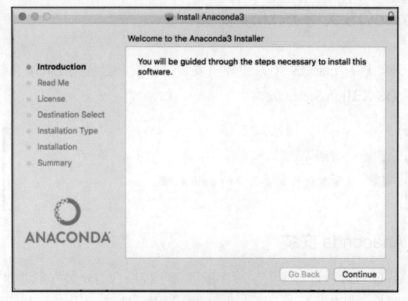

图 9.15　图形用户界面

选择安装位置（整个软件包几乎需要 2 GB 的磁盘才能安装），如图 9.16 所示。

图 9.16　选择安装位置

首先，在安装所有必需的文件之前接受许可证，如图 9.17 所示。

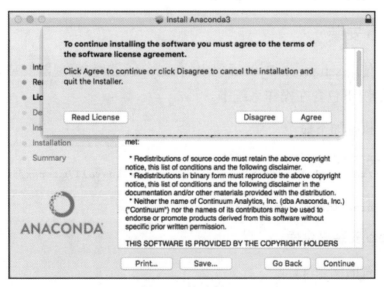

图 9.17　接受许可证

文件解压缩和安装之后，开始使用 Anaconda 实用程序，如图 9.18 所示。

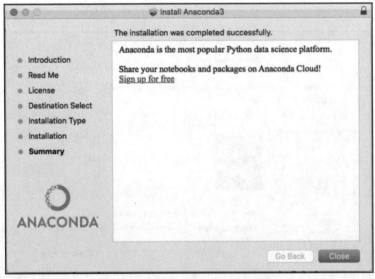

图 9.18　使用 Anaconda 实用程序

最后，使用 conda 命令安装 Anaconda 发行版中缺少的软件包。

```
conda install tensorflow
conda install -c conda-forge keras
```

9.2.2　pip 安装

本节将使用 setuptools Python 包中的 easy_install 包管理器安装 pip 包管理器，默认情况下包含在操作系统中。

在终端执行如下命令。

```
/usr/bin/ruby -e "$(curl -fsSL
https://raw.githubusercontent.com/Homebrew/install/master/install)"

$ sudo brew install python3
```

通过 pip 安装剩余库

安装所有的剩余库。

```
sudo pip3 install pandas
sudo pip3 install tensorflow
sudo pip3 install keras
sudo pip3 install h5py
sudo pip3 install seaborn
sudo pip3 install jupyter
```

这样就结束了 Mac 系统环境的安装，下面进行 Windows 系统的环境安装。

9.3 Windows 系统环境安装

Windows 可以很好地兼容 Python 的平台，本节将介绍在 Windows 系统上安装 Anaconda 的过程。

Anaconda 安装

同为图形安装程序，Windows 下安装 Anaconda 的过程与 macOS 非常相似。首先下载安装程序包，选择 64 位软件包，如图 9.19 所示。

图 9.19　下载安装程序包

下载安装程序后，接受许可协议，然后转到下一步，如图 9.20 所示。

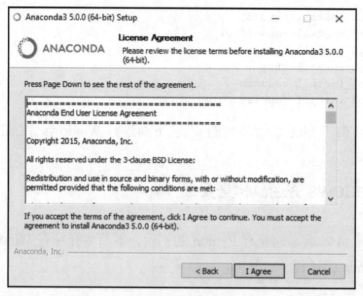

图 9.20　接受许可协议

选择为当前用户或者所有用户安装平台，如图 9.21 所示。

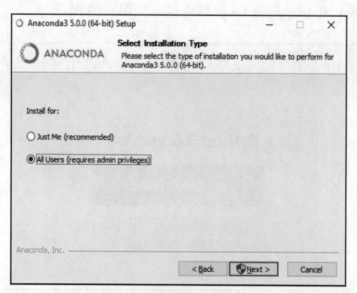

图 9.21　选择用户安装平台

选择安装目录。需要有接近 2 GB 的磁盘空间才能安装，如图 9.22 所示。

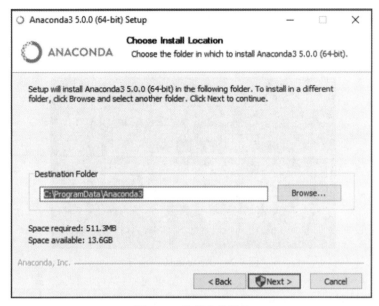

图 9.22 选择安装目录

安装完成后，可在 Windows 主菜单中找到 Jupyter Notebook 快捷方式，如图 9.23 所示。

图 9.23 Windows 主菜单中 Jupyter Notebook 快捷方式

Anaconda 提示符可以加载路径和环境变量，方便使用 Python 命令和 conda 实用程序，如图 9.24 所示。

图 9.24　Anaconda 提示符

最后一步是从 Anaconda 提示符下执行 conda 命令，安装缺少的包。

```
conda install tensorflow
conda install -c conda-forge keras
```

9.4　小结

到这里，有关机器学习基本原理中的实用内容就介绍完了。本章介绍了多种方法搭建机器学习的计算环境。

真诚感谢您的阅读，希望您已经找到了所需的内容。学习完本书后，希望您可以借助书中介绍的工具乃至以后不断更新的工具，更好地解决新的、具有挑战的问题！

我们致力于以一种更为实用的方式来帮助读者理解机器学习的原理、概念。所以不要犹豫，请将问题、建议或错误反馈给我们。

参考资料

- Lichman, M. (2013). UCI Machine Learning Repository (http://archive.ics. uci.edu/ml). Irvine, CA: University of California, School of Information and Computer Science.

- Quinlan,R. (1993). Combining Instance-Based and Model-Based Learning. In Proceedings on the Tenth International Conference of Machine Learning, 236-243, University of Massachusetts, Amherst. Morgan Kaufmann. Townsend, James T.

- Theoretical analysis of an alphabetic confusion matrix. Attention, Perception, & Psychophysics 9.1 (1971): 40-50.

- Peter J. Rousseeuw (1987). Silhouettes: a Graphical Aid to the Interpretation and Validation of Cluster Analysis. Computational and Applied Mathematics 20: 53-65.

- Kent, Allen, et al, Machine literature searching VIII. Operational criteria for designing information retrieval systems. Journal of the Association for Information Science and Technology 6.2 (1955): 93-101.

- Rosenberg, Andrew, and Julia Hirschberg, V-Measure: A Conditional EntropyBased External Cluster Evaluation Measure. EMNLP-CoNLL. Vol. 7. 2007.

- Thorndike, Robert L, Who belongs in the family?, Psychometrika18.4

(1953): 267-276.

- Steinhaus, H, Sur la division des corp materiels en parties. Bull. Acad. Polon. Sci 1 (1956): 801–804.

- MacQueen, James, Some methods for classification and analysis of multivariate observations. Proceedings of the fifth Berkeley symposium on mathematical statistics and probability. Vol. 1. No. 14. 1967.

- Cover, Thomas, and Peter Hart, Nearest neighbor pattern classification. IEEE transactions on information theory 13.1 (1967): 21-27.

- Galton, Francis, "Regression towards mediocrity in hereditary stature." The Journal of the Anthropological Institute of Great Britain and Ireland 15 (1886): 246-263.

- Walker, Strother H., and David B. Duncan, "Estimation of the probability of an event as a function of several independent variables." Biometrika 54.1-2 (1967): 167-179.

- Cox, David R, "The regression analysis of binary sequences." Journal of the Royal Statistical Society. Series B (Methodological)(1958): 215-242.

- McCulloch, Warren S., and Walter Pitts,. A logical calculus of the ideas immanent in nervous activity. The bulletin of mathematical biophysics 5.4 (1943): 115-133. Kleene, Stephen Cole. Representation of events in nerve nets and finite automata. No. RAND-RM-704. RAND PROJECT AIR FORCE SANTA MONICA CA, 1951.

- Farley, B. W. A. C., and W. Clark, Simulation of self-organizing systems by digital computer. Transactions of the IRE Professional Group on Information Theory 4.4 (1954): 76-84.

- Rosenblatt, Frank, The perceptron: A probabilistic model for information storage and organization in the brain, Psychological review 65.6 (1958): 386.Rosenblatt, Frank. x.

- Principles of Neurodynamics: perceptrons and the Theory of Brain Mechanisms. Spartan Books, Washington DC, 1961

- Werbos, P.J. (1975), Beyond Regression: New Tools for Prediction and Analysis in the Behavioral Sciences.

- Preparata, Franco P., and Michael Ian Shamos,. "Introduction." Computational Geometry. Springer New York, 1985. 1-35.

- Rumelhart, David E., Geoffrey E. Hinton, and Ronald J, Williams. Learning internal representations by error propagation. No. ICS-8506. California Univ San Diego La Jolla Inst for Cognitive Science, 1985.

- Rumelhart, James L. McClelland, and the PDP research group. Parallel distributed processing: Explorations in the microstructure of cognition, Volume 1: Foundation. MIT Press, 1986.

- Cybenko, G. 1989. Approximation by superpositions of a sigmoidal function Mathematics of Control, Signals, and Systems, 2(4), 303–314.

- Murtagh, Fionn. Multilayer perceptrons for classification and regression. Neurocomputing 2.5 (1991): 183-197.

- Schmidhuber, Jürgen. Deep learning in neural networks: An overview. Neural networks 61 (2015): 85-117.

- Fukushima, Kunihiko, and Sei Miyake, Neocognitron: A Self-Organizing Neural Network Model for a Mechanism of Visual Pattern Recognition. Competition and cooperation in neural nets. Springer, Berlin, Heidelberg, 1982. 267-285.

- LeCun, Yann, et al. Gradient-based learning applied to document recognition. Proceedings of the IEEE 86.11 (1998): 2278-2324.

- Krizhevsky, Alex, Ilya Sutskever, and Geoffrey E. Hinton, ImageNet Classification with Deep Convolutional Neural Networks. Advances in neural information processing systems. 2012.

- Hinton, Geoffrey E., et al, Improving Neural Networks by Preventing Co-Adaptation of Feature Detectors. arXiv preprint arXiv:1207.0580 (2012).

- Simonyan, Karen, and Andrew Zisserman, Very Deep Convolutional Networks for Large-Scale Image Recognition. arXiv preprint arXiv:1409.1556 (2014).

- Srivastava, Nitish, et al. Dropout: A Simple Way to Prevent Neural Networks from Overfitting. Journal of machine learning research15.1 (2014): 1929-1958.

- Szegedy, Christian, et al, Rethinking the Inception Architecture for Computer Vision. Proceedings of the IEEE Conference on Computer Vision and Pattern Recognition. 2016.

- He, Kaiming, et al, Deep Residual Learning for Image Recognition. Proceedings of the IEEE conference on computer vision and pattern recognition. 2016.

- Chollet, François, Xception: Deep Learning with Depthwise Separable Convolutions. arXiv preprint arXiv:1610.02357 (2016).

- Hopfield, John J, Neural networks and physical systems with emergent collective computational abilities. Proceedings of the national academy of sciences 79.8 (1982): 2554-2558.

- Bengio, Yoshua, Patrice Simard, and Paolo Frasconi, Learning long-term dependencies with gradient descent is difficult. IEEE transactions on neural networks 5.2 (1994): 157-166.

- Hochreiter, Sepp, and Jürgen Schmidhuber, long short-term memory. Neural Computation 9.8 (1997): 1735-1780.

- Hochreiter, Sepp. Recurrent neural net learning and vanishing gradient. International Journal Of Uncertainity, Fuzziness and Knowledge-Based Systems 6.2 (1998): 107-116.

- Sutskever, Ilya, Training recurrent neural networks. University of Toronto, Toronto, Ont., Canada (2013).

- Chung, Junyoung, et al, Empirical evaluation of gated recurrent neural networks on sequence modeling. arXiv preprint arXiv:1412.3555 (2014).

- Bellman, Richard, A Markovian decision process. Journal of Mathematics and Mechanics (1957): 679-684.

- Kaelbling, Leslie Pack, Michael L. Littman, and Andrew W. Moore, Reinforcement learning: A survey. Journal of artificial intelligence research 4 (1996): 237-285.

- Goodfellow, Ian, et al., Generative adversarial nets, advances in neural information processing systems, 2014

- Radford, Alec, Luke Metz, and Soumith Chintala, Unsupervised representation learning with deep convolutional generative adversarial networks. arXiv preprint arXiv:1511.06434 (2015).

- Isola, Phillip, et al., Image-to-image translation with conditional adversarial networks, arXiv preprint arXiv:1611.07004 (2016).

- Mao, Xudong, et al., Least squares generative adversarial networks. arXiv preprint ArXiv:1611.04076 (2016).

- Eghbal-Zadeh, Hamid, and Gerhard Widmer, Likelihood Estimation for Generative Adversarial Networks. arXiv preprint arXiv:1707.07530 (2017).

- Nguyen, Anh, et al., Plug & play generative networks: Conditional iterative generation of images in latent space. arXiv preprint arXiv:1612.00005 (2016).